@改变世界的互联网产品经理

（修订版）

王坚 编著

人民邮电出版社

北京

图书在版编目（CIP）数据

结网@改变世界的互联网产品经理 ：修订版 ／ 王坚
编著. -- 3版. -- 北京 ：人民邮电出版社，2013.5（2024.7重印）
ISBN 978-7-115-31397-3

Ⅰ．①结… Ⅱ．①王… Ⅲ．①网站—设计 Ⅳ.
①TP393.092

中国版本图书馆CIP数据核字(2013)第062293号

内 容 提 要

　　本书以创建、发布、推广互联网产品为主线，描述了互联网产品经理的工作内容，以及应对每一部分工作所需的方法和工具。产品经理的工作是围绕用户及具体任务展开的，本书给出的丰富案例以及透彻的分析道出了从发现用户到最终满足用户这一过程背后的玄机。新版修改了之前版本中不成熟的地方，强化了章节之间的衔接，解决了前两版中部分章节过于孤立的问题；同时，穿插增加了一些移动互联网方面的数据、案例和方法介绍，与时俱进移动互联网时代。

　　本书面向现在正在从事及未来将要从事互联网相关工作的创业者和产品经理，也可以作为互联网产品策划人员或相关专业学生的参考书。

◆ 编　著　王　坚
　　责任编辑　傅志红

◆ 人民邮电出版社出版发行　　北京市丰台区成寿寺路11号
　　邮编　100164　　电子邮件　315@ptpress.com.cn
　　网址　http://www.ptpress.com.cn
　　北京九州迅驰传媒文化有限公司印刷

◆ 开本：700×1000　1/16
　　印张：15.5　　　　　　　　2013年5月第3版
　　字数：262千字　　　　　　2024年7月北京第34次印刷

定价：69.00元
读者服务热线：(010)84084456-6009　印装质量热线：(010)81055316
反盗版热线：(010)81055315
广告经营许可证：京东市监广登字 20170147 号

做最挑剔的用户

腾讯公司首席执行官　马化腾

中国互联网经过十多年的发展，网民的数量已经突破三亿，超越美国成为了全球第一。伴随着用户规模迈上新台阶，互联网对于中国社会的影响之广和渗透之深也达到了前所未有的程度。2008 年，互联网在第一时间承担了社会责任，在抗震救灾过程中，社会各界通过网络积极展开的募捐和呼吁救援工作，为灾区重建作出了积极的贡献；在北京奥运会上，互联网首次大规模地介入奥运比赛的报道和转播，成为世界了解中国、中国拥抱世界的窗口。鉴于互联网的持续影响力，中国的各级政府和领导人也明显更加关注和注意倾听互联网舆论。可以说，中国互联网正在通过其深远的影响，逐渐奠定主流地位！

在中国互联网不断辐射和扩张的影响力背后，也蕴藏着巨大的商业价值。2009 年，由于高价能源、次贷危机等宏观环境的影响，全球的经济都出现了不同程度的问题，但中国的互联网却依然保持着强劲的增长。一方面，互联网作为高科技、低能耗、高附加值的产业，对于全球的能源和金融危机有较强的抵御能力；另一方面，互联网将全面展现带动社会经济发展的能力和实力。可以预见，将会有越来越多的企业和个人，通过互联网来提升自己的竞争力与生活品质。

在面对如此广阔且发展快速的市场时，作为一名互联网产品经理，应深知肩上的担子之重。由于市场广阔，产品上的任何微小的瑕疵，都会引发用户大量的不满。所以产品经理要关注最核心、最能够获得用户口碑的战略点，如果用户对某种产品感到失望，那么公司就需要再花更多的精力去弥补，这是得不偿失的。当用户口碑坏掉后，很难再将他们拉回来。同时，市场的快速发展，要求产品经理在进行产品开发的时候，需要有较强的研发机制作保障，这样才能让产品开发更加敏捷和快速。就算是大项目也要灵活，不能说等几个月后再给你东西看，那样的话到时候竞争对手已经跑出去不知道有多远了。

任何产品的核心功能，其宗旨都是能对用户有所帮助，能够解决用户某一方面的需求，如节省时间、解决问题、提升效率等。而产品经理就是要将这种核心能力做到极致，通过技术实现差异化。我对腾讯所有产品经理的要求，都是要让自己先"做最挑剔的用户"。因为要发现产品的不足，最简单的方法就是天天用产品。我相信如果你坚持使用，一定会发现其中的问题。所以，我经常说我自己是腾讯的首席体验官和第一产品经理。

作为腾讯的一员，王坚将自己作为互联网产品经理的经验进行总结，编撰成这本书与大家分享，让更多同道中人得以学习和借鉴，并能在工作中运用。这既是在帮助用户实现更大价值，也是在实现自我价值。我期望有更多这样的分享机会。我更相信，在腾讯，做产品经理是一件快乐的事。

丑话说在前头

我是个喜欢读书的人。读了很多书之后，我发现一本书能不能读进去，能读到什么程度，与自己的人生境遇有很大的关系。这个境遇可能是大境遇，也可能是小境遇。

上学的时候，闲暇时间比较多，我经常看杂志。一本游戏杂志买来翻一遍就放在了一边，过了几天上厕所的时候临时抓到它，又翻一遍，愕然发现怎么里面好几篇精彩文章我都没看到呢？我对自己的选择性失明很恐慌，于是就琢磨为什么会这样。是翻得太快，还是自己的眼睛有问题？对比印象中第一遍就看过的文章和第二遍才看到的文章，我发现第二遍看到的这批文章集中在硬件相关的领域。仔细回想了一下，最近两天正在琢磨升级电脑的事情，对硬件的关注度提升了，原来只扫标题的关键字就过掉的文章，在这种境遇下成了亮点。

上学期间我也买了不少书，有些买回来就读完了，有些翻了几页实在没兴趣就一直没读完。工作几年后，一天整理书柜时，把学生时代没读完的一本书拿起来翻了一下，结果就放不下了。原来一个月只翻了二十页的书，这回三天就读完了。这同样也是境遇造成的。学生时代更关注怎么娱乐自己，稍微也关注点独立思考方面的内容；工作之后关注的方向变了，家庭生活、工作、理财等变成了新重点，这是大的境遇转变。

回到本书，你可能已经大致了解过它，对它抱有一定的期望。但是对你个人来说，阅读结果不外乎三种，觉得它好看，觉得它局部好看，觉得它不好看。能不能通过书的前言，让这本书变得好看一些，是我在写完本书后考虑了挺长时间的一个问题。考虑的结果是，如果我能在一定程度上调节你的境遇，或者调解这本书对境遇的适应能力，也许就能达到我的目标。

如果你是一名新手产品经理，本书将向你展示一个老油条产品经理的所思所为，你可以隐约看到自己未来的样子。

如果你是一名老油条产品经理，本书只是帮你整理了一下你现有的经验和知识体系。这里面没有腾讯揭秘，没有新鲜独特的案例，有个名词可以非常精确地形容它对你的价值：鸡肋。

如果你是一名学生或者非产品经理岗位的朋友，想了解产品经理这个职业，本书是一个非常通俗易懂的产品经理 hao123，它不但讲述了产品经理的工作内容和职业发展，还介绍了一些很好的书籍。

如果你是一名怀揣互联网梦想的创业者，本书讲述了一些在大公司阴影下突出重围的思路，还有一些章节提供了检查清单，这些内容将为你提供一定的护航。

丑话我就先说这么多，希望你阅读愉快！

阅读指引

本书的章节划分使用了类似软件版本号的方式，希望这个细节可以令你更快地融入到产品构建的氛围中。

为了便于读者在阅读过程中把握重点内容，本书使用了如下图标对内容进行区分。

概念定义

掌握概念是登堂入室的基础，只有了解了某个概念，才可以在各种上下文中深入理解它。你也可以通过搜索引擎了解更多关于它的知识。

案例

本书引用了很多有意思的案例，这个图标将帮助你区分案例和正文。

经验分享

案例虽好，但有时候离实际工作还是有点远。在案例之外，本书为大家准备了很多第一手的经验分享内容，它们也许能成为你工作上的捷径。

练习题

卡丁车是F1赛车手的摇篮，本书希望这些练习题能够像卡丁车一样，帮助你尽快地掌握产品技能，成长为世界级的产品经理。

目　录

Prototype

职业选择

本章内容

0.1.0 互联网产品经理

广义上看，人人都是产品经理。你可能烧过一道菜，装修过一套房子，或者创建过一个微博，这些都是你的产品。你为了完成这些产品所经历的一系列过程，与职业产品经理的工作并没有太大区别。但是，要把产品经理作为正式的职业或者创业身份，又的确有些不同。

腾讯故事

2000 年，腾讯成功进行了第一轮融资，QQ 的注册用户数突破 100 万，QQ 带来的收入几乎为零。现金流对于一家公司来说是至关重要的，QQ 这只投入了大笔资金购买服务器和带宽却怎么也"喂不饱"的企鹅，怎样才能变成能下金蛋的企鹅，是每个腾讯人都在冥思苦想的问题。QQ 不能作为公司的收入来源，腾讯只好"打零工"，承包一些技术项目来获得收入。这一年的年初腾讯接到深圳联通的一个项目：为手机用户提供邮件到达提醒服务。这个项目本身没有多少利润，却让 Pony（腾讯公司联合创始人马化腾）看到了一线盈利的希望——"如果 QQ 可以发短信给手机，会不会是一个新的机会？"

腾讯成立之初，主营业务并不是 QQ，而是网络寻呼，为寻呼台提供互联网扩展方案，让用户可以通过网站、邮件等互联网渠道发送寻呼消息。1999 年 2 月 QQ 的第一个版本 OICQ 99A 上线，名字叫"中文网络寻呼机 OICQ"，它继承了腾讯的传统业务。2000 年，正是寻呼机和手机交接市场的一年，寻呼机完成了历史使命慢慢淡出江湖，手机逐渐普及。手机的短信功能不但可以接收短信，还可以发送短信，"如果 QQ 可以给手机发短信，手机也可以给 QQ 回复短信"，那不就是实现了"移动"QQ？当时中国移动的用户数已经突破 1 亿，并且它具有向用户收费的渠道，对于腾讯来说，这是一个无比巨大的市场。

腾讯内部对这款产品的概念达成共识之后，接下来就是如何执行的问题，腾讯选择深圳本地的深圳移动和深圳联通作为试点合作伙伴，开始进行谈判。当时的移动和联通除了话费收入之外，并没有增值业务的概念，"移动 QQ"这款产品要实现 QQ 和短信的互联互通，意味着技术接口、运营支持、客服、定价、收费渠道、收益分成比例等一系列前所未有的问题，这其中还要涉及物价局等第三方机构的监管。另一个严峻的问题是，当时全国没有统一的移动运营商，和深圳联通谈完了，还要和深圳移动谈，然后还要和全国各地的移动、联通公司都谈，才能把"移动 QQ"在全国铺开，这需要投入相当多的人力。Pony 的态度非常坚决："我们不能坐吃山空，一定要有自己的收入。如果我们迟迟不能盈利，QQ 也得不到发展。"

经过一系列艰苦的工作，移动 QQ 在深圳试点成功了，随即腾讯投入大量的人力将这个业务在全国铺开。在移动梦网成立的早期，移动 QQ 的收入一度占到其总收入的一半。移动 QQ 是腾讯的重要转折点，它所带来的第一桶金帮助腾讯在中国互联网浪潮中站稳了脚，进而建立了企鹅帝国，成为了中国盈利能力最强的互联网公司之一。

Pony 在这个过程中扮演的就是产品经理的角色，在恰当的时机提出恰当的产品概念，推动公司决策，创造用户价值（用户可以从产品中获得的好处），同时也创造了财富。如果你在（或者想要进入）一家互联网公司从事产品经理的工作，如何帮助公司走向辉煌？如果你是一个创业者，如何把自己的产品做大做强？如果你出于个人兴趣想要创建一个网站，或者运营一个论坛，从哪里开始，怎么做？……别着急，看完本书之后你会得到全面的答案。现在，我们先搞清楚产品经理这个职位的定义。

互联网产品经理

　　通常是负责对现有互联网产品进行管理及营销的人员，也负责开发新产品。

这里产品的概念其实伸缩性很大，它可以是一条包含多个产品的产品线，也可以是大产品的子产品或一个模块。更具体一些呢，互联网产品经理在工作中都要做什么？互联网产品经理的工作内容与传统行业产品经理大同小异，按照工作内容的时间跨度可以划分为战略性工作、阶段性工作和日常性工作三大块。

▶ **战略性工作。**这类工作跨越产品的整个生命周期，主要包括以下几项。

● **为产品建立长期的战略布局。**局有大有小，产品内部的各个模块如何协同运作，是产品局；一款产品在公司内部的位置，与其他产品之间的关系，是公司局；一款产品在产业链中扮演什么角色，如何影响整个产业链，是产业局。产品经理需要用战略性的眼光来审视未来一段时间内产品内部、公司内部、产业内部的布局，这样才能有效地把控产品的发展轨迹。

- 发现新的产品机会。产品经理需要关注业界动向和用户需求的变化，发现新的产品机会，提出产品建议。

- 为产品的演变、增强和引进提供建议。产品经理需要在产品的生命周期中不断引领产品演进，保持产品的竞争力。

▶ 阶段性工作。这类工作有明确的起始时间，主要包括如下几项。

- 参与新产品的开发。在新产品开发的过程中，产品经理需要输出产品设计文档，跟进开发进度，并且对新产品进行测试和验收。

- 参与年度商业计划的制定。通常，公司每年都会更新一份整体的商业计划，用来制定公司未来几年的财务目标。这份整体的商业计划是由公司内各个具体产品的商业计划汇总而成的，产品经理需要参与制定自己所负责产品的部分，预测其未来几年的收入和成本。

- 利用公司内部、外部资源开展营销活动。除了练好内功，把自己的产品做好，产品经理还要考虑如何把产品推广出去，让更多的用户能够使用它。只有具有一定市场份额的产品才是成功的产品。有些公司有专职的营销经理来开展营销活动，在没有营销经理的情况下，这部分工作默认是由产品经理完成的。

- 预测竞争对手的行动并制定应对方案。产品之间的竞争就是商业战争，大家都在通过各种手段拉拢用户，了解竞争对手的动向是克制他们的前提。

- 更新产品并进行相应的用户教育。战略性工作中为产品的演变、增强提供建议的目的，就是要将这些建议转化为产品的更新，并且告知到用户，教会他们使用。只有用户真正用起来的更新，才能有效提升产品的竞争力。

- 降低成本。如果你的产品有收入，降低成本可以提升你的利润率；如果你的产品没有收入，那就更要研究如何降低成本了，低成本可以让你的产品在有限的预算下存活的时间更久。

- 重新规划产品线。产品经理需要定期审视自己的产品线，扩展、合并或取消一些产品，保持产品线的竞争力。

▶ **日常性工作。**这类工作是按日执行的，主要包括如下几项。

- **收集分析竞争情报。**竞争情报包括竞争对手动向、行业趋势与机会、产品运营数据和用户反馈信息等，之所以把这项工作排在日常性工作的首位，因为它是战略性工作和阶段性工作的重要基础，产品经理的绝大部分工作都是由竞争情报引发的。

- **协调开发、运营、客服、销售等资源以保证产品正常运作。**本职工作中的本职工作。

- **执行商业计划。**产品经理需要带领产品团队完成商业计划中的财务目标，包括收入和成本。有时候产品的目标并不是直接盈利，这种情况下会有类财务目标的考核，比如活跃用户数、网页浏览量等。这些目标在商业计划中已经被分解成了若干个关键任务，比如我们要通过任务 A 提升 8% 的浏览量，通过任务 B 提升 5% 的浏览量，执行商业计划就是要将这些关键任务进一步分解为每天的工作，通过逐日的执行完成关键任务，从而完成（类）财务目标。

看起来有点眼晕，是吧？对于一个新晋产品经理来说，这么多的工作内容短时间内的确消化不了。我们可以从日常性工作做起，熟悉产品的运营状况，然后参与阶段性的项目，在掌握了足够的行业知识之后再尝试进行战略性工作，通过这样一个循序渐进的过程全面掌握产品经理的工作。

Linda Gorchels 在《产品经理的第一本书》中提道："理想状态下，战略性工作约占产品经理总工作时间的 15% ～ 25%；阶段性工作约占 20% ～ 30%；日常性工作是基础，约占 40% ～ 55% 的时间。"对于经验丰富负责重要产品的产品经理来说，工作中"救火"的工作比较多，容易干扰到阶段性工作或者忽略战略性工作，规划并设定好时间表，定期提醒自己进行阶段性工作和战略性工作，会很有帮助。

不少朋友对我如何工作很好奇，甚至还通过我周围的同事打听我每天到底都做些什么，结果发现我每天大部分时间在看运营数据、外部数据和用户反馈，还有不少时间在看糗事和业界新闻。怎么会是这样呢？在他们的期望里，我大概应该面对水晶球冥想，每隔几小时抓起笔描绘一会儿产品蓝图。

就我个人而言，我比较偏好竞争情报和更新产品（特别是用户体验改进）这两块工作，容易忽视营销活动、用户教育、降低成本等工作。我的处理办法是每周设定一些时间专门用来处理一些事务，例如，周一上午回顾一周的运营数据，周一下午整理竞争对手情报，周二上午处理营销相关的事务，等等。用这种周期性的提醒来帮助自己避免疏漏。把这些提醒输入 Google Calendar 一类的日历软件中，设置好重复频率（可以按工作日重复，也可以按月或者按年重复），你也可以面面俱到。

产品经理在产品团队中的角色

产品经理是其所负责产品的灵魂人物和发动机，没有杨致远就没有 Yahoo!，没有 Pony 就没有 QQ，没有史玉柱就没有征途，他们都是各自公司最早的产品经理。当然，产品经理并不都是公司老板，在当今流行的矩阵式组织结构中（参见图 1-0-1），产品经理通常没有自己的下属和资源，他需要通过整合、协调公司内部的很多资源来创建和完善自己的产品，为用户和公司提供长期的价值。

● 图 1-0-1　产品经理在组织结构中的位置

听起来很牛，但并不是职位叫产品经理，就立即成为灵魂人物和发动机了，产品团队中的很多人可能并不鸟你。比如产品经理的阶段性工作内容中的参与新产品开发这一项，产品经理需要负责撰写产品设计文档，在实际工作中研发经理可能会抢走其中大部分的决策权，因为他不够信任你，他在团队中又有足够大的话语权。其实他的出发点是好的，他希望产品能够成功，想尽自己的最大努力帮助产品成功，但他可能并不是一个专业的产品设计人员，而且他还有很多研发工作要处理，这样的越界对产品团队来说是有很大风险的。

理想的产品团队如图 1-0-2 所示，产品经理、设计团队、研发团队等各司其职，大家的工作能力完全满足产品所需，分工界限明确。

理想归理想，真实的情况往往如图 1-0-3 所示，团队的各个组成部分能力都有不足，老板填充了所有的空隙，保持团队的运转，同时，产品和设计被大大削弱了。

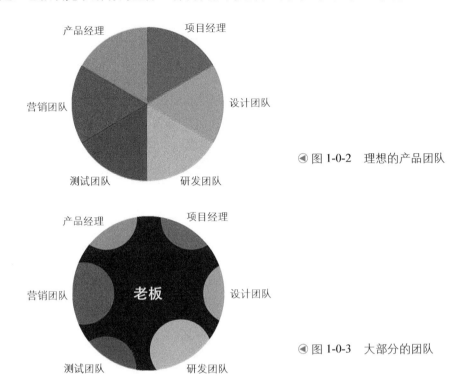

◉ 图 1-0-2　理想的产品团队

◉ 图 1-0-3　大部分的团队

产品经理只能悲剧地缩在一角？灵魂人物只是传说？面对现实不用悲观，产品经理的发挥空间和老板的精力成反比，当老板的精力顾不过来产品的某个部分或者某个产品的时候，老板自然会充分授权给产品经理，这时候，就会形成 1-0-4 的局面，产品经理成为了团队其他成员的补集，润滑团队成员之间的沟通。要做产品经理，就要有做好万金油的准备和决心，什么都略懂一些，工作更多彩一些。

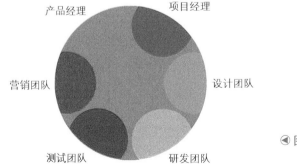

◉ 图 1-0-4　产品经理的角色

产品经理需要在工作中展示自己在战略规划、产品策划、竞争情报、协调润滑等方面的专业性，与团队伙伴建立信任关系，同时也需要了解团队伙伴们的工作能力，在相互了解的基础上划定彼此工作的分界线。有时候，产品团队中有一些角色是缺席的，特别是对于小团队而言，很可能没有项目经理和营销团队，这个时候产品团队如何有效运作？

产品经理是自己所负责产品的利益相关者（stakeholder），其个人的近期利益和远期利益与产品的成败息息相关，这使得产品经理需要关注一切能左右产品成败的因素，并且尽力去填充产品所需要的一切工作。缺少项目经理和营销团队，产品经理就是第一替补，所以产品经理需要具备自己"本职工作"之外的一些工作能力。本书稍后会讲到用户体验、项目管理等方面的内容，产品经理了解这些绝对不是狗拿耗子，而是为了更高效地与团队伙伴沟通或填补团队空白，把产品做好做强。

老板们的误区

我的一位朋友曾跟我讲过一件事情。某天，他陪同自己的老板 A 宴请另一家大公司的老板 B，老板 B 提议说，可以鼓励公司里面一些技术比较出色的研发人员转型为产品经理。老板 A 很诧异，那不是让他们降级吗？

老板 A 认为，枪杆子里出政权，产品经理和设计师同属低级工种，真刀真枪搞定问题的研发人员才是高级工种。可以说，这位老板 A 的看法代表了国内大批管理者的看法，其中不乏一些自诩为产品专家的高层管理者。他们的逻辑是，看得见摸得着的东西都好说，我自己出马也可以轻松搞定，你们不过是把我的先进思想变成文档和图片，像天书一样看不懂的程序代码才是高级的。

看得见摸得着的东西，容易被人挑战，这是事实。在马路上拦住 10 个路人，问他们对 Google 的 LOGO 有什么看法，对 QQ 这款产品有什么看法，10 个人里面有 8 个都能扮演批评家说上一通，但我们要界定清楚，批评家和导演并不是一回事。绝大多数的批评家都拍不出来电影，也不能设计出美观的界面或是好用的产品，他们的特长是洞察问题发表批评。如果把用户当作观众，产品经理就是导演。哪里让用户爆笑，哪里让用户飙泪，票房表现如何，这些都是导演在起决定性的作用。导演是低级工种吗？导演在做幕后工作的时候，批评家在哪儿呢？

如果把用户、研发同事、老板当作三个来自不同星球的人，产品经理就是能够创造性解决问题的翻译。产品经理先去了解用户的需求，接着与研发同事商量解决方案，再与老板周旋争取资源，然后把解决方案翻译成研发人员容易理解的设计文档，最终把产品交付给用户使用，这真的是低级工种？

每个观众都可以挑战导演，作为一名产品经理，要做好接受挑战的心理准备，同时也要不断提升自己的专业能力去应对挑战、化解挑战。此外，如果在一家存在上述误解的公司工作，产品经理可能还要接受待遇上的落差，这是由"低级工种"这个定位所带来的，短时间内很难扭转。在大公司中，产品比较多，或者一款产品很庞大，小公司老板的"我自己出马可以轻松搞定"的思想已经不能满足业务发展的需求，老板必须对多名产品经理进行授权才能维持公司的运作，所以大公司通常能走出产品经理定位的误区。误解总是暂时的，随着国内信息产业的成熟，互联网产品经理这个职业的重要性肯定会越来越凸显。

0.1.1　职业测试

如果你作为一名开发人员太外向了，作为一名销售人员又太内向了，碰巧还没有会计和律师资格证书，不妨考虑一下产品经理这个职业。

你想要什么样的生活方式？

到处旅行，与形形色色的人打交道？

在固定的时间上下班，坐在电脑面前工作？

虽然说工作和生活是可以分开的，但是对于喜欢定居的人来说，一些职业对生活的入侵比较明显，比如地质学家，要去很多地方做研究，一出差可能就是几个月。而产品经理是一种非入侵性的职业，绝大部分工作时间都是坐班，出差很少。

互联网行业的收入怎么样？

打工的话收入不错，一些统计数据和小道消息表明，互联网行业不如石油、金融、咨询、电力等行业，但比其他行业好一些，毕业生如果能进入不错的互联网公司可以拿到十万以上的年薪（对具体数字感兴趣的话可以搜索"IT 公司薪水统计"）。创业的话有可能成为中国首富，几家互联网上市公司所创造的财富神话给这个行业增加了迷人的光环。

加班吗?

其实每个职业，多多少少都会遇到加班的情况。在不同的公司、不同的产品团队和不同的产品阶段中，互联网产品经理的加班频率和时长差别挺大。通常来说，产品形态越稳定，产品团队的磨合越充分，加班就会越少，因为这种情况下对工作量的评估会比较准确；产品变化越快，产品团队中新人越多，加班就会越多。为了降低对用户的影响，产品的更新经常选择在半夜或凌晨的时候发布，所以发布产品更新一般都伴随着加班。其实不必太在意加班这个问题，随着工作能力和工作经验的积累，大多数产品经理都可以找到平衡工作与家庭生活的方法。

是不是需要懂研发技术才能成为产品经理?

我不懂研发，确切地说，不会写 C 语言代码，不会写 PHP 代码，不会写 SQL 语句，不会制作 Flash 动画，不会写 Ajax 脚本，能对已有的 HTML、CSS 代码进行简单的修修改改。虽然我不能使用这些技术，但我知道这些技术大概都能干什么以及明显的局限是什么，这对十一名产品经理而言，足够了，所以我可以成功应聘到腾讯，领导过产品团队，之后又创建了一家互联网公司。

可见，懂研发技术并不是成为产品经理的必要条件。不要因为不懂研发技术而放弃对这个职业的追求。当你看完这本书的时候就会发现，书中几乎没有讲到与具体的研发技术相关的内容，有些绕不过技术话题的地方，也只讲到技术的可能性和局限性就为止，我可以保证这些内容并不深奥难懂。

这个职业的从业者规模有多大?

根据 CNNIC 的《第 31 次中国互联网络发展状况统计报告》，截至 2012 年 12 月底，中国有网站 268 万个。根据站长行业类网站的活跃用户规模和广告联盟的活跃用户规模估算，目前真正活跃的网站开发者团队大约有 30 万个。根据移动市场和移动广告联盟的活跃用户规模估算，目前真正活跃的移动开发者团队大约有 1 万个。我们先把桌面软件忽略不计（加起来也没多少个），然后假设平均每个团队有 3 个产品经理（包含产品总监和产品助理），那么中国约有 93 万人在从事产品经理工作，其中一些人的名头是站长或个人开发者。

在你心目中具有一定地位的产品有多少个? 由于互联网产品通常会随着用户规模增大而出现单用户成本降低和单用户利润率上升的网络效应，很容易出现赢家通吃的局面，所以顶尖的产品是非常少的。如果你非常向往这些顶尖的产品，或者想要打造一款同样顶尖的产品，你需要知道它是一个由93万人所组成的金字塔的顶端，这个顶端的容量可能小于500人。

与研发、营销等职业相比，互联网产品经理这个职业存在着缺乏大学专业课程、缺乏入门书籍等问题，目前主要野蛮生长，个别具有一定积累的公司有比较好的内部培养体系。这些问题导致产品经理这个职业目前没有一个具有公众说服力的评测标准，好处是不需要考取从业资格证书就能上岗，这个职业对有梦想有毅力的人来说是非常开放的。

除了上述的五个方面，选择一个职业需要考虑的因素还有很多很多。还好，Flickr的联合创始人Caterina Fake离开Flickr之后致力于帮助用户决策这类难题，她加盟的产品就是hunch.com，这个决策引擎可以帮助我们进行困难的决策，包括选择适合的职业。为了确定它是否靠谱，我邀请了身边的一些朋友（样本量24）来做"小白鼠"，决策测试结果表明，hunch给出的职业准确率约为70%（考虑到中美两国之间的国情差异，可能美国用户的测试准确率会更高一些）。如果你拿不准自己是否应该选择产品经理这个职业，不妨也hunch一下，访问下面这个网址，回答几道题目，hunch就会计算出可能适合你的职业：

http://www.hunch.com/professions/

在hunch.com提供的100多个可能职业中，并没有互联网产品经理这个职业，最接近的职业是网站研发（web developer）和游戏策划（game designer），我测试的结果就是网站研发。电子游戏已经被称为第九艺术，歌德曾经说过："每一种艺术的最高任务，即在通过幻觉，达到产生一种更高真实的假象。"可见，游戏与满足用户明确需求的产品有很大区别，游戏策划是一个非常专业的职业，本书中所涉及的内容无法覆盖其艺术的部分，如果抛开这部分，将游戏也作为一种产品来看，那么本书中的很多通用知识是具有参考价值的。

如果你的测试结果是用户体验设计（user experience designer）、图形设计（graphic designer）、计算机软件研发（computer programmer），通过本书全面地了解一下产品从无到有的过程，对你的工作会有所帮助，你会更清楚为什么自己的案头冒出这些工作来，这些工作对于整款产品而言又有什么意义。已故"苹果教主"史蒂夫·乔布斯（Steve Jobs）非常喜欢引用个人电脑之父阿伦·凯（Alan Kay）说过的一句话："热爱软件的人应该制造自己的硬件。"（People who are really serious about software should make their own hardware.）同样，热爱研发或设计的人也许会希望创建自己的产品。翻阅一下本书，可以为你自己的以后发展保留一个新的可能性。

如果你的测试结果是小企业主（small business owner）或是企业家（entrepreneur），而你所从事的领域是互联网的话，那么你就是公司最大的产品经理。

招聘方会如何考核面试者？

面试（或绩效考核）主要看工作能力是否与工作内容匹配，工作意愿是否足够。工作意愿真的很难判定，在实际工作中变化幅度也较大，所以主要考核的还是工作能力。

前面我们介绍了产品经理的工作内容很庞杂，如果从需要的能力来看，反而简单一些，无非是发现问题、分析问题、解决问题的能力。这三种能力有从高到低的关系，能敏锐发现问题的产品经理最少，这样的产品经理可以开拓出靠谱的新产品或者重要的产品功能。常年累月的生活，大多数人对大多数事早就习以为常了，而伟大的产品通常是改变了最平常的生活细节。我认为最有潜力的产品经理一定是非常敏感的，不管是身处现实环境中，还是在网络中穿行，都能感受到周围每个人情绪的波动，只有在平凡和平常中能够感受到人们的烦躁、厌恶、绝望，才有机会和动力去重新设计人类的生活。

分析能力有两个方面：一方面是逻辑性，能不能分清事实和观点，能不能获取到有价值的事实，能不能绕过一些逻辑谬误的坑，比如以偏概全、虚假两分；另一方面是对问题的定性能力，只有用恰当的角度思考问题才有可能得出真正有效的解决方案，比如有用户反馈糗百审核界面将"通过"按钮改成"笑了"按钮很不好，因为这样的话，感人的温情帖不容易被通过了，这是交互问题、社区文化问题，还是产品定位问题？在考核分析能力的时候，我会不经意地聊一些"不太靠谱"的问题，关注方韩大战没有，中国好声音为什么火了，12306成天挨骂是不是有点委屈，这类问题首先可以看出面试者是否对社会热点有一定的敏感度，其次因为没有公认的结论所以容易看出回答者的分析角度和深度。

考察解决问题的能力，通常看是否能应对一些棘手的情况，例如项目周期忽然缩短了怎么办，研发资源不足怎么办，设计稿出来以后老板不喜欢怎么办，可用性测试中发现用户找不到注册入口怎么办，等等，能从容应对这些情况的就已经是很有经验的产品经理了。

如何入行？

如果你没有产品运作经验，想要转行为产品经理，你会发现通过社会招聘成为产品经理是非常困难的一件事情。产品经理要带领一个虚拟团队工作，不够资深的话，在工作中会出现很多方向性或者细节的失误，这一方面会挫伤团队的士气，另一方面也会影响到公司的业绩。

出于家庭原因，毕业之后我放弃了已经谈好的工作机会，转而南下深圳参加社会招聘。提供岗位的公司通常只想在社会招聘中找到比较资深的人，我在面试中碰壁了好几次，还好有些大学时期的兼职经验，最终进入到一家创业公司，正式开始自己的产品经理生涯。从小公司开始做起，或者从研发、设计等岗位进入互联网公司然后转型为产品经理，是很多产品经理的入行路径。

有不少做技术或编辑的朋友想要转行做产品经理，但是能力和工作经验不能满足招聘要求，我的建议是如果不能一步到位，不防曲线一点，先进入一家心仪的互联网公司，然后在公司内部谋求转行。腾讯有不少部门秘书转为产品经理的案例，也有保安转为研发的案例。公司内部招聘时，因为对应聘者足够了解，信任感有很大的加分，也更容易撇开工作经验更直接地判断一个人的能力，所以阻力会小很多。

打开一份你心仪的某公司的产品经理招聘说明，想象自己为招聘方，审视自己的简历，考核一下自己。

如果你还是一名学生，我的建议是认真把握校园招聘和实习的机会，争取一开始就进入一个理想的环境成为产品经理，并且不要轻易放弃这样的环境。

如何成长？

学而不思则罔，思而不学则殆。《论语·为政》

光听别人说，自己不思考，知识始终是别人的，不是自己的。看书、参加业界会议活动，这都是很好的方式，但是千万不要生搬硬套或者变成复读机。自己很努力思考，但从来不听听其他人怎么说，很容易钻到自己打造的平行世界里。这样的例子也不少，很多产品经理身经百战，有非常丰富的经验，但是缺乏和外界的交流碰撞，无法形而上，导致这些经验不能变成威力更大的理论，或者固执地坚守一些错误的理论。

学而时习之，不亦说乎？《论语·学而第》

面试的时候，如果面试者有自己的业余项目，我会加分。一方面这代表面试者的确有兴趣和热情，业余爱好也是产品，另一方面这表明面试者有意识或无意识中选择了成长速度更快的方式——学习和实践交替迭代。只有从零开始创建过一款产品并且亲历整个流程，才会发现这其中有无数的细节、困难和感动，才能真正明白各种理论和经验的价值，才会知道理论永远是理想化的、不完备的。这类实践可以随时开始，不必等到正式入职。

还有一些实践的机会是如此珍贵，只叫人生死相许。2000 年的时候，网名为"搜索引擎 9238"的俞军发送给百度的求职信是这样写的："长期想踏入搜索引擎业，无奈欲投无门，心下甚急，故有此文。如有公司想做最好的中文搜索，诚意乞一参与机会。本人热爱搜索成痴，只要是做搜索，不计较地域（无论天南海北，刀山火海），不计较职位（无论高低贵贱一线二线，与搜索相关即可），不计较薪水（可维持个人当地衣食住行即是底线），不计较工作强度（反正已习惯了每日 14 小时工作制）。"五年之后，俞军成为了百度首席产品架构师。

三人行，必有我师焉。《论语·述而》

不管身边是谁，都可以从他身上学习，好的方面吸收，不好的方面作为镜子照照自己。如果身边的人比自己好很多，那么自己所能看到的能力天花板会变得更高，成长速度也会加快。目前，中国的一流人才主要集中在几家一流的公司中，如果能进入这些公司工作，自然会遇到很多优秀的导师，也会有很好的实践机会。现实的问题是，能遇到好导师的好职位总是稀缺的，所以大可不必急于一步到位进入心目中的理想公司。现在产品领域已经有了很多本不错的书籍，可以缓解产品知识被大公司垄断的问题。

知识和投资组合非常类似，有复合增长效应，资金越多就能越快地生出更多的资金，知识越多也越能加速你学习新知识的速度。如果说薪水是一个劳动者的劳动价值的货币体现，劳动价值则是劳动者在特定时间内为人类社会产生的价值。更多的知识，可以让劳动者找到更有效率的价值生产方式，比如自己生成内容还是发动所有用户来生成内容，也可以让劳动者将具体工作方式的效率提升，比如 Instagram 通过滤镜实现了让用户更低成本（手机随手拍）地生成更高质量的内容。当你在一个职位上工作了两年以上，可能就会开始觉察到自己的成长速度在逐渐变慢，这个时候你就需要考虑换到新职位或跳槽到新公司了，否则你的个人价值增长速度会随着个人知识增速变慢而一起变慢。

0.1.2　职业发展

互联网是一个发展很快的行业，很多产品形态会被新的产品形态淘汰，比如个人主页产品曾经被 Blog 取代，Blog 如今又被微博和社交网络上的个人页取代了。2009 年 4 月 Yahoo! 宣布关闭旗下著名的个人主页产品 GeoCities（参见图1-2-1），标志着个人主页这一产品形态正式退出历史舞台。同一产品形态下，竞争到最后也剩不下几款具体的产品，比如 OMMO、PICQ、MICQ 等即时通讯产品，就在与 OICQ（QQ 曾用名）的竞争中被淘汰了。

◉ 图 1-2-1　"很抱歉，GeoCities 不再接受新账号的申请"

在中国互联网发展的初期，软件下载站曾经红极一时，甚至有种说法是"上网就是下载"。下载对于当时的中国网民来说，不仅仅是获得软件的方式，同时也是一种娱乐，有点类似于现在尝试各种 App。搜索引擎的出现逐渐改变了用户的上网方式，用户开始通过搜索寻找想要的东西，一些擅长通过 SEO（Search Engine Optimization，搜索引擎优化）牟利的人发现了"商机"，他们制造了大量的伪下载站，不提供真正的下载链接，只是把用户骗进来然后再骗他们去点击广告。这些伪下载站的出现扰乱了下载站市场，让用户不再相信搜索引擎返回的结果。与此同时，装机市场热了起来，"番茄花园"等打包了常用软件的盗版 XP 系统盘很受欢迎，用户用其安装好操作系统就有了绝大部分常用软件，软件下载的需求大大降低。

"番茄花园"通过软件预装和导航站预设牟利，越滚越大，终于惊动了微软，整个模式在微软的诉讼下偃旗息鼓。360 安全卫士提供的软件管理器程序接手了这一块用户需求，用户装好系统后通过软件管理器可以一键下载安装想要的软件，多了选择的自由，省去了搜来搜去的麻烦。我们可以看到，用户获取软件的方式一直在变化，他们会快速地迁移到更方便快捷的方式，这不是软件下载站自身可以左右的。

互联网是一个智能网，可以承载无数种产品形态（包括我们目前还无法想象的）和无数种具体的产品，这使得它就像一个快速变化的信息宇宙，新产品不断涌现，旧产品逐渐消亡，由图 1-2-2 可以明显地看到叱咤一时的 MSN 在近几年已经走向了没落，Facebook 和 Youtube 成了抢占用户时间的新贵。

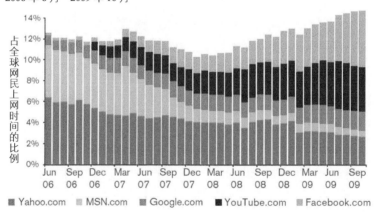

五大网站所占用的全球网民上网时间比例
通过家庭电脑或办公电脑上网的 15 岁以上的网民
2006 年 6 月—2009 年 10 月

▲ 图 1-2-2　Internet 网民在不断地重新分配自己的上网时间

兜了这么大一个圈子讲产品形态的更替和产品的竞争，是因为产品经理的职业发展轨迹与其所负责的产品的发展轨迹息息相关。产品经理负责的范围越是具体（比如是只负责某一个表单），这个产品就越容易在变化中消亡，进而导致产品经理需要更换工作内容甚至工作岗位。如果产品能在竞争中获胜，或者及时地进化到最新的形态，把握住新的机会，产品经理也就踩在了新的浪潮上。

在拥抱变革方面，Pony 是典型代表。Pony 从 QQ 这一款聊天软件起家，到现在拥有的中国第一流量新闻门户、第一游戏平台、第一 SNS 社区、第一邮箱、第一移动 IM……彻底脱离了单一产品生命周期的限制，变成了多条腿走路的巨人。创建 Craigslist 的 Craig Newmark 走的则是另外一条路，多年以来他只专注于一款产品，固执地拒绝产品进化，但他创造了方便大家交换信息的分类目录，并且让 Craigslist 的生命周期超出了自己的职业生涯，堪称以不变应万变的典范。

不管你是准备踩在每一次变革的浪尖上，还是想修炼以不变应万变的神功，都需要牢记两条法则：

- ▶ 创造用户价值是第一要务；
- ▶ 机遇只光顾能力上做好准备的人。

因为社会分工越来越细，绝大多数人无法自给自足，需要和他人或机构进行价值交换才能维持日常生活。交换的前提是自己能够创造价值，所以在考虑回报之前，要先想想自己付出了什么，给他人提供了哪些价值。只有在童话里才能出门左拐就捡到一只会生金蛋的鹅，临渊羡鱼，不如退而结网，放弃不劳而获的想法是走上社会的第一步。

个人能力方面，观察能力和推理能力对产品经理而言至关重要。

产品经理在工作中需要很多灵感（这一点和艺术家非常类似），需要对生活保持敏锐的观察，有效地捕捉生活中有价值的点点滴滴，将这些细节积累为"阅历"或"经验"，为灵感制造一片土壤。在观察生活的时候，不光要用眼睛和耳朵，更要用脑子，做到知其然知其所以然，才能形成有效的记忆。比如我们看到年轻人走在盲道上发短信这样一个情景，经过思考可以得出，盲道不仅能够帮助盲人还可以帮助注意力不在道路上的正常人，这种思考就是归纳推理。所谓归纳推理，就是从个别性知识推出一般性结论，"年轻人走在盲道上发短信"是个别性知识，"盲道可以帮助注意力不在道路上的正常人"是一般性结论，记忆一般性结论可以帮助我们去识别更多的个别性知识，甚至包括没有看到过的情景，比如一个小孩走在盲道上看漫画，我们可能没有亲眼目睹，但是我们可以判断这是合理的情景。

怀疑一切的精神，对于提升观察能力非常有益。在我们成长的过程中，或多或少都经历过填鸭式教育，导致我们很容易去接受已经存在的事物，缺乏怀疑精神。吴镇宇自导自演的电影《自从他来了》中有一段情节给我留下了非常深刻的印象——老师在考试的时候没有按照常见的填空方式考学生古文，而是让学生自己选一首李白的诗，谈谈自己的感想。这样的考法可以说没有什么难度，自由发挥即可，可是学生们却不买账叫苦连天，他们已经习惯了在缺几个字的古诗上填空，从来没有认真思考过这些诗到底有什么含义。当我们用自己的逻辑思维去怀疑一切，世界就不一样了，我们会发现到处都是值得怀疑的问题：为什么触摸屏要用一支笔来进行输入？是人们喜欢用笔，还是硬件和软件的限制强迫用户只能用笔？花生米是怎样长大的，花生米和花生壳之间没有任何连接（参见图1-2-3），它不需要类似脐带的东东获取养份吗？在城市中很难看到未成熟的花生，却几乎没有人提出过这样的疑问。

◀ 图 1-2-3　花生米与花生壳的连接

我就这个问题问过身边的一些朋友，他们嘲笑我的问题太古怪，却又回答不出来，这真是很有意思的反应。对这个问题的答案感兴趣的话，可以搜索"被子植物的个体发育"。

"我的好奇心随着年龄的增长已经磨灭了，现在想去怀疑一切但是做不到，怎么办？"

首先，我们要对这个观点表示怀疑，好奇心真的会磨灭吗？恰好，我身边有案例证明，好奇心和怀疑精神是可以被再次激发出来的。有一位从编辑岗位转过来做产品经理的同事和我说：

　　"以前听你们讨论网站体验的时候，我完全不明白，什么叫用户体验好，什么叫体验不好？为什么这里做成这样体验就比较好？为什么你们可以看到这些地方我却看不见？工作了这段时间之后我发现我变了，现在我在餐厅吃饭、看电影，甚至乘电梯的时候，都能看到很多细节，并且指出它们的不足之处，没有什么地方的体验是完美的。"
（有点像广告文案，但她的确是这么说的。）

请注意一点，观察和细节是密不可分的，没有观察到细节的观察是不能称之为观察的。西方有句谚语："魔鬼在细节中。"（the devil is in the details.）什么是魔鬼，魔鬼就是让人跌倒的陷阱，如果我们不了解足够多的细节，就等于迈入了雷区。现如今山寨横行，一不留神就会买到周佳牌洗衣粉或是康帅夫方便面，提升观察能力对我们的日常生活也很有帮助。

上帝说：要有光。于是就有了光。那么上帝在执行"要有光"项目之前，做了什么？从项目管理的角度来看，他需要规划这个项目的所有细节：产品目标，是照亮行星还是照亮房间；产品本身的细节，光源的尺寸、形状、原料，等等；产品的使用环境，温度多少、压力多少……所有这些细节，一旦有所遗漏，轻则导致项目超出预期时间，重则南辕北辙照明灯泡造成储蓄罐。我在面试产品经理的时候通常会考察面试者对细节的关注度，一方面可以确定他是否有真实经验——滥竽充数的人虽然能说出个大概，但是很难了解足够多的细节；另外一方面可以判断他的观察能力——他是否认为细节是重要的，并且在观察中捕获了所有关键的细节。

互联网产品经理所要面对的产品与真实生活还是有一些区别的，生活中积累的阅历经常要在推理之后才能运用到产品中。生活中我们经常用到书签，可以对书签归纳推理，得出用户喜欢对感兴趣的内容作标记以便检索的结论，因而我们可以设计出网络书签，再揉合网络的一些特点，网络书签可以有 tag，并且可以分享给好友。生活中我们会将一些东西锁起来，可以对锁归纳推理，得到保护机制，在网络中我们可以用加密来保护重要的东西。

带着问题进行思考对推理有很大的帮助。在写这本书的时候，我经常在想接下来的章节要怎么写，或者要说明某个问题可以使用哪些案例，在这些问题的带领下，我身边的任何东西都变成了写作的素材。在网上冲浪的时候看到的网页，吃花生时看到的花生米，甚至在洗澡的时候都有灵感闪现。这些生活中的素材过去在，现在在，未来也在。不同的是，此时此刻，我是带着问题去看待它们的。一些想了很久都没有办法串起来的个别性知识终于碰到了可以解释它们的一般性结论，一些没有合适案例进行展现的一般性结论终于碰到了恰到好处的个别性知识。这样的碰撞帮助这本书度过了一个又一个难关。我建议产品经理使用支持云同步的记录软件，例如苹果出品的备忘录或 Evernote，在灵感闪现就马上记录下来，养成这个习惯之后对于记录自己承诺过的事情也很有帮助。

当你想着"这个能不能搬到互联网上"，"能够通过互联网提升这里的效率吗"，"这个可以用到我的产品中吗"，你的手就已经放在了仙境之门的门把手上。比如我们想了解网站的色彩应该如何运用，四周望一望，是不是能想到参考一下室内设计？

室内设计中的色彩设计依据

(1) 功能需要

居室空间色彩选择与配置首先满足功能要求，分析空间的使用性质、使用功能和使用对象，决定色彩的选择和配置。如不同的卧室设计因为使用者的不同，存在着色彩需求的差异，主卧的色彩应充分考虑温馨浪漫的气氛，儿童房色彩应该体现活泼可爱的气氛。

(2) 空间需要

居室色彩配置要符合空间构图原则，发挥室内色彩对空间的美化作用，正确处理协调与对比、统一与变化、主体与背景的关系。

在进行居室色彩设计时，首先要根据空间的性质确定色彩的主色调。其在室内气氛中起主导作用。同时要处理好统一与变化的关系，只统一而无变化，或只变化而无统一，都是不可取的。因此，要求在统一的基础上求变化，这样，容易取得良好的效果。最后要处理好主体与背景的关系，背景色常常面积较大，起到烘托的作用，其色彩的选择不能过分鲜艳。作为主体色彩也要运用适当，注重色彩的节奏感和规律性，避免色彩杂乱无章。

我们常利用室内色彩改善空间效果，充分利用色彩的物理性和色彩对人心理的影响，调整空间尺度、比例、分隔、渗透改善空间效果。

(3) 个性需要

色彩的选择应注意人群类别及个人偏爱，符合多数人的审美规律，如老人、小孩、男人、女人对色彩的要求也有很大的区别，色彩应适合居住者的爱好。另外，色彩对不同民族来说，由于生活习惯、文化传统和历史沿革不同，其审美要求也不相同，应该合理地满足不同使用者的爱好和个性需求。

摘自《现代居室空间设计与实训》，黄春波、黄芳编著，辽宁美术出版社出版，2009 年 8 月在产品团队中，产品经理经常处于风暴的中心，需要警惕非此即彼的陷阱，务必要多运用开放和融合的思维方式。销售团队出于收入的考虑，可能会要求向用户发送广告邮件，客服团队立即否定了这个提议，认为这样做会招致大面积的投诉，损害公司品牌形象。遇到类似的问题，产品经理一定要先问问自己，真的只有这两个选择吗，是不是还有皆大欢喜的方案？有时候两个或几个过于鲜明的观点彼此激烈碰撞，会让人觉得这就是所有的选择。其实不然，非此即彼的情况是很少的，绝大多数时候我们都可以引入新的方案或者融合不同的意见。如果让用户主动订阅一份新闻提醒邮件，在邮件中适当地插入广告，并且允许用户退订，是不是满足了销售团队创收的需求，又不会遭到用户投诉？产品经理在面对各种难题的时候，第一反应不应该是简单地做选择，而要先跳出来，看清楚这到底是不是选择题，想想如何创造用户价值。

怎样才能把一款产品做好，让它能够创造用户价值，让它能有好的市场表现？让我们进入 Alpha 部分，"创建互联网产品"。

Alpha
创建互联网产品

0.2.0 从概念开始

看到一款产品，我们首先注意到的总是它的外观，例如其整体是否令我们达到视觉上的舒适和愉悦，有没有像素级的精致细节。然而创建一款产品，并不是从外观开始的，Scott McCloud 在《理解漫画》(*Understanding Comics*) 中谈到，一切媒介中的一切作品的创作都遵循 6 个步骤（参见图 2-0-1）。

概念 ➡ 形式 ➡ 风格 ➡ 结构 ➡ 工艺 ➡ 外观

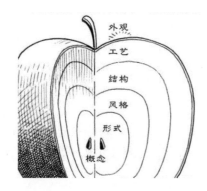

◉ 图 2-0-1　作品创作遵循的 6 个步骤

这 6 个步骤对于创建互联网产品同样适用。一款产品的**概念**是指它想要创造什么样的用户价值，满足用户哪些方面的需求，比如沟通的需求，外围的一切工作都是基于产品的核心概念展开的；**形式**对应产品形态，邮件和即时通信都能满足用户沟通的需求，两种产品形态却大相径庭；**风格**在互联网产品中，可以对应产品的定位（并非视觉风格），同样是即时通信软件，QQ 比较娱乐化，Google Talk 则简单平实；**结构**对应信息架构和 HCI（Human-Computer Interaction，人机交互）设计；**工艺**对应技术研发和项目管理；**外观**对应 GUI（Graphical User Interface，图形用户界面）设计。

既然产品是由"用户需求"产生的，为什么要说"从概念开始"呢？用户的需求可以划分为很多层次，比如用户需要沟通，基于这个概念出现了邮件、即时通讯等产品形态，后来用户又需要在沟通的时候分享文件，这个需求催生出了邮件附件和即时传文件等产品特性。"分享文件的需求"、"通过浏览器直接访问的需求"、"个性化界面的需求"，这些需求都是叠加在"沟通需求"之上的，它们并不能形成产品概念并催生出一款独立的产品。

请注意，确定产品概念是要确定它"满足了用户哪方面的需求"，而不是确定说"做个 SNS 网站吧"，从形式开始是很多产品失败的原因。形式是概念的上层建

24

筑，没有搞清楚概念就直接从形式开始，照虎画猫，这样炮制出来的产品背离用户价值的风险很高。

说了那么多，概念从哪里来呢，我们如何开始？毕加索曾经说过："拙劣的艺术家模仿，伟大的艺术家偷取。"——从现有的各种产品中将别人的概念"窃为己有"，是一条捷径。

不要重新发明轮子

> 我们这个星球有将近六十亿个白痴，生活在几千个聪明得不得了的突变种设计的文明里。
>
> ——《呆伯特法则》史考特·亚当斯

重新发明轮子有两个主要问题：

▶ 世界上没有几个人可以发明出来；

▶ 重新发明并没有创造出新的价值。

别不相信，就算是聪明得不得了的变种，发明轮子的时候也会撞车。

> 数学常数 e 也被叫做 Euler 数，因为它是由大数学家 Euler 提出的，而事实上，这个神秘的常数早就被 Jacob Bernoulli 发现了。经济学中著名的 Cobb–Douglas 函数，其实早已被 Philip Wicksteed 提出过了。解一元三次方程的 Cardano 公式，荣耀本该属于 Niccolò Tartaglia。1980 年，芝加哥大学的统计学教授 Stephen Stigler 发表了一篇半严肃半搞笑的论文，提出了著名的 Stigler 定律：没有哪个科学发现是以真正的原创者命名的。那么 Stigler 是最早发现这个定律的人吗？他本人认为，社会学家 Robert Merton 其实早在 1968 年就发现了这个规律。Robert Merton 就是著名的"马太效应"的提出者，Merton 用马太效应解释了一个现象：如果几位科学家在同一时期发现了同一个定律，功绩通常会归属于最有名那位科学家，不知名的科学家往往都会被无视掉。这样一来，受到过肯定的科学家就会"做出"越来越多的贡献，真正的第一发现者往往都被埋没了。
>
> ——Matrix67（引自 http://www.guokr.com/article/3123/）

再看商业领域，曾经战斗在技术创新最前沿的前微软高管唐·道奇（Don Dodge）

撰文剖析过创新者与模仿者，他举了以下案例（引自 http://dondodge.typepad.com/the_next_big_thing/2008/06/first-mover-vs-fast-follower---who-wins.html）：

- AltaVista → Google

- Napster → iTunes

- VisiCalc → Lotus 123 → Excel

- Word Perfect → Word

- Netscape → Internet Explorer

- Apple Newton → Palm Pilot → Blackberry

- IBM PC → Compaq → Dell

- Double Click → Google AdSense

- Ofoto → Flickr

- Compuserve → AOL → @Home → Comcast & Verizon

为什么模仿者摘了这么多果子呢？唐·道奇发现创新者往往缺少兼备技术远见和管理能力的领导者，而模仿者则没有这个致命的问题，相比创新者，后来居上的模仿者更加综合：

- 更好的商业模式（Google、AdSense、Dell）

- 更好的市场定位（Word、Excel、Comcast、Verizon）

- 更好的时机（iTunes、Flickr）

- 选择了更好的平台（Blackberry、Word、Excel）

- 更好的管理（所有的模仿者）

那么，创新是没用的？模仿反而更吃得开？唐·道奇也回答了这个问题。成功的模仿者们，他们所做的并不仅仅是模仿，他们的确使用了和前人相同的概念，但他们坚持不断创新，使自己的产品远远超出了创新者的原始概念或功能集，并且持续保持市场地位的领先。

美国一直走在互联网前沿，最早建设和开始使用互联网，自然也最早洞察了用户的需求，开创了电子邮件、搜索引擎、电子商务、社会化网络等互联网产品类型。美国的互联网产品在全球化之后很容易覆盖到拉丁语系国家，但是由于语言障碍和东西方之间微妙的文化差异（甚至还有一些政治、法律上的差异），使得中国有机会涌现出"中国的 Amazon"（购物）、"中国的 Google"（搜索）、"中国的 Facebook"（社交）。从韩国引入中国的概念主要有虚拟形象（avatar）、装扮网上空间、知识搜索（用户来解答搜索不到答案的问题），还有很多类型的网络游戏。日本的手机增值业务非常成熟，大到移动梦网的格局，小到具体的产品，落地为 SP 业务后为中国互联网公司输了一大桶血。客观地讲，这是中国互联网行业发展的必经阶段，起步晚，需要补的课太多，没必要因此而自卑。今天，我们可以看到很多领域都出现了基于原创概念的中国产品，移动互联网的发展也是和国际完全同步的，给大家的舞台更加宽广了，也更有挑战性了，不想创新也得创新了。

有些人在长期的应试教育中形成了"抄袭可耻"的观念，并且把这种观念无限放大，引入到了生活的方方面面，最终把自己关进了闭门造车和重新发明轮子的怪圈。在其他国家和地区也有类似的现象，这被称为 NIH 综合症（Not Invented Here，并非发明于此）——人们不愿意使用、购买或者接受某种产品、研究成果或者知识，不是出于技术或者法律等因素，而只是因为它源自其他地方。不知道你是否参加过扩展训练游戏，在一些游戏中大家会被分为几个小团队完成项目，游戏规则并没有禁止观察其他团队这种行为，但是绝大多数团队都不会派人出去转转，结果，收集情报最充分的团队获胜概率会高一些，患有 NIH 综合症的团队则往往会落败。

地球上有很多私有的资源，比如一个网站的域名、设计元素、源代码、用户数据库以及该网站申请的一些专利，这些都是受法律保护或者作为商业秘密由这家网站自己保护的。在这些受保护的私有资源之外的资源，比如某个产品体现了一个让用户在网上进行讨论的概念，就是公共资源。没有公共资源的世界是无法想象的，一个事物一旦被发明出来就不会面临竞争，发明者会缺乏改进的动力，价格也降不下来。还好，全人类有共享的公共资源，模仿者们也因此并没有因为借鉴而被送上法庭，而是给大家带来了更优质更低廉的服务。

为什么浏览器具备查看网页源代码这一功能？

不要因为概念上的模仿就否定概念之外真实有效的创新，也不要因为原创了一个概念就自以为天下无敌。根据我的经验，NIH 综合症患者看到这里会气愤的摔书三分钟，然后打开豆瓣给本书评个一星。事实上，真没有那么多直接能用的轮子，否则，模仿者的成功轨迹中为什么都有那么多创新？为了避免本书吸引愤恨过于集中，我把蝉游记创始人纯银搬出来当一下肉盾。

> 我做设计的习惯是，首先模模糊糊地知道自己想要什么样的效果，然后在心静的时候，去 N 个产品里找近似元素，把能抄的优点混搭过来，一边扒拉一边沮丧地说，不行啊，抄不到多少啊，还得自己动手原创啊。大家的产品架构和思路不一样，设计理念与风格更不一样，我也想偷懒照搬，但不可能嘛。
>
> 同事常嘲笑我说，你又到处抄了。我也不在意，有得抄是多美好的事情，但结果经常是愁眉苦脸的"没得抄"。这里的关键是，你有自己的产品架构与思路，设计理念与风格，"抄"是为它们添砖加瓦，把你的构思实现得更好。但构思本身都靠抄的话，难免邯郸学步。——@ 纯银 V

既然是模仿，全盘复印不就好了，为什么还要创新？

模仿是一种逆向工程，需要对目标产品进行分析研究，揣测它到底满足了用户的哪些需求和信息处理流程。一个互联网产品的可见部分是有限的，还有大量不能直接体验的部分在云端，可能还有很多运营工作，比如电子商务网站的商品类目运营、卖家培养、促销活动、客服仲裁等等，即便模仿者全盘复印了可见部分，云端和运营还是得靠自己创新补全。所以，在校内网看似毫无创新 1:1 复制的表象下必然也蕴含着大量的创新，这些创新帮它补全了云端的拼图，也帮它解决了社区冷启动的问题，Facebook 没给用户送过鸡腿吧？

> 校内网（现更名为人人网）成立于 2005 年 12 月，它发展的初期几乎是汉化了 2004 年 2 月发布的 Facebook，网站结构、布局、配色甚至按钮都与 Facebook 一模一样（参见图 2-0-2），以至于很多人误认为它是 Facebook 官方的中国版。不管它是否真正理解 Facebook 想要满足用户的哪些需求，这个做法的确可以使它的核心概念逼近 Facebook。2006 年 10 月，千橡集团收购校内网。2008 年 4 月，养大了校内网的千橡集团获得软银集团 4.3 亿美元的投资。2011 年 5 月 4 日，人人网赴美纽交所上市，融资规模为 7.4 亿美元，当日市值 71.2 亿美元。

图 2-0-2　汉化版的 Facebook？

别人已经实现了某个概念，我还能加入竞争吗？

用户是欢迎竞争的，如果你有服务用户的动力，有信心提供更优质的服务，为什么不去造福用户呢？请注意这里有两个重点：一是创造用户价值第一，二是能看到潜在竞争对手的不足并且有能力做得比他们更好。

建站很容易，不论是标准化的论坛，还是高仿版的豆瓣、美丽说、花瓣、糗事百科，都可以在淘宝花几十元搭好。门槛这么低，自然会有冲动消费，糗百的高仿版就卖出去了几百套。这个现象就好比有很多人看到宠物很可爱，没有认真考虑要对宠物负责一辈子这个问题就买了回来，两天后觉得很烦又扔掉了，这其实并不是在建站或养宠物，本质是买玩具玩。还有些人觉得某某网站好，想要搬回家一台"印钞机"。买回来一个玩具就等于加入了竞争？有没有把用户摆在第一位，有没有为用户负责的态度，用户为什么要来访问？

29

团购券买回来后忘了使用，几十元的优惠没享受到，却蒙受了几百元的损失，这是团购用户流失的一大原因。对于团购行业来说，过期不退却是创收的"商业模式"之一。经过一年的运营，美团网的这笔沉淀资金已经达到1000万元，为用户提供过期退款服务，还是公司留下这笔钱，在美团网内形成了激烈的讨论。在仔细分析了不退款会给用户带来什么损失，退款的成本能否承受，如果竞争对手先提供这项服务怎么办等问题之后，2011年3月4日，在"美团网一周年暨行业一周年庆生"新闻发布会上，美团网CEO王兴高调宣布"过期退"计划正式启动，今后用户过期未消费将获得退款服务。在发布会当日，美团网将过去一年内1000多万未消费的团购款返还给相应的美团用户，用户登录美团经简单操作后即可查收。

想要在竞争中占据一席之地，首先需要做到理念领先，为人民服务是最基础的理念，同时还需要在具体的领域超越对手的概念。如果想不到如何用更低的成本让用户更满意，你的产品必然是落后的，是没有竞争力的。然后，还要能想到做到才能通过产品占据真实的市场份额。能够超越创新者的模仿者，不是简单花几百元买了一套建站代码就成功的，前面几页我们刚刚分析过模仿者成功的要素。

Facebook并没有发明社交网络，为什么它大幅超越了Myspace（参见图2-0-3）？

⬆ 图 2-0-3　Facebook 大幅超越了 MySpace

如果我有了一个原创的概念怎么办？

首先，恭喜你没有放弃对原创的追求。其次，你可以使用搜索引擎好好搜索一通，并且询问身边所有的朋友，看看有没有一个现成的产品和你的想法一致。如果能找到已经存在的实现，通过研究它可以节省很多摸索的时间；如果没有，再次恭喜你，你为所有地球人贡献了一个货真价实的原创概念。

原创概念是怎么来的？

归根到底，所有的产品概念都来自于用户的需求，概念自然诞生于了解用户需求。由 IT 记者转型为创业者再转型投资者的王翌将获取产品概念的方式分为三类。

第一类是受到现有产品的启发，将既有概念进行了转换。例如，我看到 blogger.com（一家博客服务提供商），了解到了世界上有很多人有在线记录和分享的需求，获取了"帮助用户低成本在线记录和分享自己的生活、想法"这个概念。如果将记录的成本进一步降低呢，微博的产品概念就出现了。

受线下的概念启发的例子也不少。比如线下有书店，线上卖书可能也行得通，音乐商店大概也可以搬到线上。如果人们有了秘密要去找个树洞诉说，在网上提供一个树洞就是个概念。对于互联网产品经理来说，有这么多前人留下的产品可以参考，真是一件非常幸福的事情，单机游戏炸弹人改一改就能变成网络游戏泡泡堂。

第二类获取概念的方式是出于自身需求或捕捉到了其他人的需求，而这个需求尚未被满足，Basecamp 就是这样诞生的。

Basecamp 这款产品来自于一个困扰我们的难题：作为一家设计公司，我们需要有一个很简单的方式来和客户做项目沟通。一开始，我们建了一个外部网，通过不断更新其内容来连线客户。但每次一个项目需要更新我们就得手动更改 HTML，这实在不是一个解决方案。这些项目网站总是看起来不错但最终又会被放弃。这是很令人恼火的，因为它使我们变得很没有组织性，也让客户感到无所适从。

于是我们开始寻找其他解决方案。但我们找到的每样工具，要么不能做我们想做的事，要么充斥着我们所不需要的功能——比如账单、登录权限控件、图表等等。我们觉得一定会有更好的方案，最终我们选择了自己来做这个软件。

当你在做软件解决自己问题的时候，你对自己创造的工具是有激情的，激情就是关键所在。激情意味着你真正去用这个软件，去关心这个软件。这是能感动他人并一起为之所动的最好的方式。

———————
摘自 Getting Real

第三类获取概念的方式是预见用户需求的变化，提出超前的原创概念。

四十多年前，一台典型的计算机重量超过 50 公斤，"个人计算机之父"阿伦·凯却从用户需求的角度出发设想了他的 Dynabook（如图 2-0-4 所示）——今天笔记本电脑和平板电脑的原型。

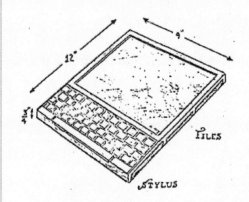

◀图 2-0-4　阿伦·凯在 1972 年发表 Dynabook 概念设计

"我第一次提出 Dynabook 的想法是在 1968 年，当时我在考虑怎样才算真正的便携。我最初用纸板制造出了模型，并使用铅粒来模拟重量。我对'便携'的定义是：你可以同时携带其他东西。我对'手持'的定义是：你还可以帮别人拿东西。我当时计算，屏幕至少要支持 100 万像素。而且屏幕较大，可以显示真正的文件页面。另外机器需要轻薄，重约 2 磅（0.9 公斤）。"

———————
阿伦·凯曾说过："预测未来的最好方法是创造未来。"

原创概念真的那么重要吗？受阿伦·凯启发的史蒂夫·乔布斯一样也是大师，而且做了更多实际的产品改变了世界。还有一个问题，原创与否似乎缺乏明确的标准。没有什么概念是毫无借鉴的，那么，借鉴到什么程度会从原创变为模仿，有认证机构吗？借鉴一个概念的时候如果模仿了视觉设计就算抄袭，如果重新设计了一套视觉就算原创？

> "很多时候我们都以当下自认的标准来判断一些事情，可是这个标准有可能是别人不承认的，有可能是自己之后或之前都不承认的，有可能根本就不是一个可以表述的标准。这时我们怎么去判断一件事的性质呢？我们又以什么样的出发点去和别人交流呢？"
>
> ——@科学家种太阳

现在，你是准备停在这一页再纠结几天，还是继续我们的产品之旅？

0.2.1　概念 2.0

Tim O'Reilly 在 2005 年提出了 Web 2.0，他发现很多网站运用新的思路取得了成功，这些网站和以前的网站的确有很大不同，如表 2-1-1 所示。

表 2-1-1　Web 1.0 和 Web 2.0 的产品比较

Web 1.0	Web 2.0
不列颠百科全书在线	Wikipedia
个人网站	blogging
目录（分类法）	tagging（"民间分类"）
DoubleClick	Google AdSense

Tim 还总结了 Web 2.0 公司的 7 项核心能力（引自 http://www.oreilly.de/artikel/web20.html）：

▶ 服务，而不是打包的软件，技术架构具有高成本效益的可伸缩性；

▶ 控制独特的、难以再造的数据源，并且用户越多内容越丰富；

▶ 把用户作为共同开发者来信任；

▶ 借力于集体智慧；

▶ 通过用户的自助服务来发挥长尾的力量；

▶ 超越单一设备层次的软件；

▶ 轻量级的用户界面、开发模式和商业模式。

需要说明的是，由于本书是围绕产品经理所写，所以也就把产品经理所负责的产品或服务统称为产品。实际上，除去 Firefox 和 WordPress 这类打包发行的产品以外，互联网产品都是在提供服务。

2005 年到 2007 年之间，互联网行业中最热的名词就是 Web 2.0，业界也一直在呼唤 2.0 的产品。这股风潮到了 2008 年基本上消退了，因为互联网产品的构思还是需要围绕着"如何满足用户需求"这个永恒的命题，Web 2.0 的思想只是会作用在"如何更好地满足用户需求"这个次命题上。Tim 总结的 7 项能力看起来还是太复杂了，有没有什么更简单明了的指导思想可以用在产品改进上呢？

《蓝海战略》提供了一个框架：同时追求"差异化"和"低成本"，从而实现价值创新。做服务、控制独特的数据源、适用于更多的设备，可以归为"差异化"；把用户作为共同开发者、借力于集体智慧、自助服务、轻量化，可以归为"低成本"。Web 2.0 相对于 Web 1.0，正是利用"差异化"和"低成本"开创了蓝海。

蓝海只是一个时间窗，低成本会被竞争对手赶上，差异化也并非不可复制。蓝海能够带来的，往往只是一段时间内的先发优势，蓝海战略成功与否，取决于一款产品能不能在它的蓝海时段内达到理想的用户规模或筑起足够高的壁垒。

Twitter 的蓝海

2006 年，博客正处在巅峰，MySpace 和 Facebook 正在疯狂扩张，一项奇怪的服务推出了：任何人可以在任何时间任何地点通过网页、即时通信软件或手机向全世界发布 140 个以内的字符——这就是 Twitter。

没有标题，没有 Tag，没有华丽的模板（如图 2-1-1 所示，它只用背景图和配色同样玩出了不凡的效果），只有 140 个字符，大刀阔斧的精简让 Twitter 简陋到有点可笑，同时也带来了低成本的优势。从用户的角度来看，博客时代需要聚合器来提升阅读效率，想要评论的话要从聚合器跳转到相应的博客，整个操作流程太 Geek 太复杂，Twitter 集成了信息的发布、聚合（站内关注就实现了订阅）、评论和传播，这个差异化的加法让信息平台变得更加平民化和易用了。低成本加差异化，Twitter 是典型的价值创新。

▲ 图 2-1-1　Twitter 的用户界面

Twitter 出现之后，很多克隆网站冒了出来，Facebook 也推出了类似的服务，但Twitter 已经在自己的蓝海时段内圈住了足够多的用户，成为了不可取代的应用。

为了更有效地利用蓝海时段，控制蓝海时段的开启时间是非常重要的。由于乔帮主对完美过于执着，App Store 晚于 iPhone 大约 12 个月面世。iPhone 是 2007年 6 月底正式发售的，App Store 在 2008 年 7 月初上线的时候，iPhone 已经有了足够的保有量，苹果的 App 模式一举占领了手机软件消费市场。等到竞争对手反应过来开始追赶的时候，才发现自己的硬件设备不统一，开发套装不够强大，开发者社区不稳定，没有开发 App 一夜暴富的成功故事，只能眼睁睁看着App Store 形成马太效应。在硬件和基础体验方面，iPhone 的竞争对手们八仙过海，但对比 App 的数量和质量，还是 iPhone 更胜一筹。如果 App Store 是随iPhone 一起发布的，故事可能就是另外一个结局了。

另一个有趣的案例是百万美元主页（The Million Dollar Homepage，参见图 2-1-2）。

　　Why should I buy your pixels?（我为什么要购买你的像素？）

　　Because you will have an image and a link to your site on the homepage of a site that could potentially be seen by millions of people over the coming years.（因为在未来几年中将有数百万的潜在用户看到你的网站在这个主页上的图片和链接。）

Alex Tew，2005 年，http://www.milliondollarhomepage.com/faq.php

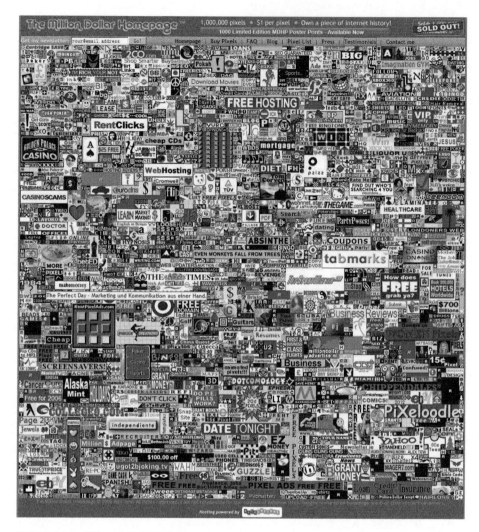

▲ 图 2-1-2　销售一空的百万像素

任何人都可以建一个主页，销售 100 万或者 200 万像素，事实上在百万美元主页推出之后也的确有不少人这样做了，结果并没有销售出去多少。为什么？答案很简单，因为只有 Alex Tew 的像素价值 1 美元。根据市场规律，如果像素的价格小于等于它的广告价值，用户就会购买。

百万美元主页中的像素比它的克隆网站中的像素值钱，是因为它最早实现了这个概念，吸引了媒体和大众的注意力。BBC 等媒体只会报道 Alex Tew 及其百万美元主页，大众也只会到这个最知名的百万美元主页一游，购买这里的像素可以获得真实的广告价值，这是一个一次性的蓝海。

当软件变成服务

在我购买第一台 286 电脑的时候，安装软件要用 5 寸软盘，较大的软件在安装的过程中还要换盘。在 386 的时代出现了光盘，一张光盘可以装很多软件，换盘的烦恼暂时解决了，好景不长，安装软件又需要光盘了。进入互联网时代之后，下载和虚拟光驱初步解决了软件安装的问题，每次重装完操作系统，下载一通，就有软件用了。还能更方便吗？

第一个常驻浏览器伴随我整个上网时长的服务是 Gmail（参见图 2-1-3），它代替了我之前常用的 Outlook 软件。在 Gmail 之前，有 Hotmail 等很多在线邮箱，但是它们的速度和操作效率都比不上邮件客户端软件。Gmail 解决了这些问题，它创新的 Ajax 界面提供了非常高的操作效率，同时还解决了存储的问题，我不再担心邮件太多需要清理或者要将邮件备份到自己的电脑上这些问题。在 Outlook 时代，我要下载 Outlook 软件，安装、设置邮箱账户，然后才能开始使用，如果换了一台电脑或者重装了操作系统，整个流程就要重复一遍，还会丢失存放在本地的邮件和联系人信息。在 Gmail 时代，我在任何一台电脑或者手机上通过浏览器访问、登录 Gmail，就可以查看我的所有邮件了，包括我发送出去的邮件。支撑 Gmail "无需删除邮件"（Gmail 刚推出的时候甚至没有提供删除邮件的按钮）理念的是标签、过滤器、搜索等特性，有了这些高效的工具，在海量邮件中也能迅速查找到想找的内容。

◀ 图 2-1-3　Gmail 的 logo

在撰写本书的过程中，我深刻地感受到了 Google Docs 带给我的便利。Google Docs 是由 Google 收购的 Writely（参见图 2-1-4）和 Google 自家的 Google Spreadsheets 合并而成的，除了文档和电子表格，它还可以制作类似 Power-Point 的演示。由于我的写作时间比较零散，需要随时随地都能写，所以我选择了使用在线服务 Google Docs 而不是 Word 软件来写这本书。Google Docs 让我的写作不再被文档文件和版本所困扰，我在公司、家里或者酒店，都可以进入 Google Docs 继续写作，不用携带 U 盘，不用担心一个文档出现了多个分支的版本后需要合并的问题。当我想让一些朋友能够看看书稿提提意见的时候，我可以使用 Google Docs 的分享功能，他们甚至可以实时看到我在敲键盘更新书稿。

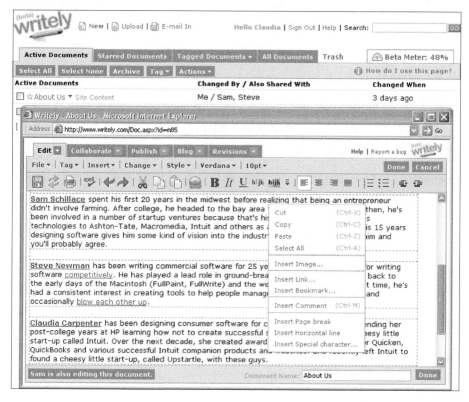

▲ 图 2-1-4　纪念一下被 Google 收购之前的 Writely

我更加深刻地体会到这些好处，是在把书稿从 Google Docs 导出为 Word 文件之后。因为我想排版看看自己已经写了多少页，是否满足出版社的要求，所以决定求助一下老牌文档处理软件 Word。在 Word 中折腾了一通之后，我把 .doc 文件存到了邮箱里，以便于在其他电脑上可以继续修改，于是，每次修改都要经历从邮箱中下载文件再上传的过程。这真的太麻烦了，也许通过 U 盘（可靠性又是个问题，那会儿还没有 Dropbox）或者文件同步应用可以简化一下，但是我决定重新回到 Google Docs。回来之后我又找到了那种即时进入写作状态的流畅感觉，通过研究了帮助文档，我找到了查看页数的方法，这下彻底不用麻烦 Word 了。

在第一版写作的后期，由于文档太大，Google Docs 经常引发浏览器"假死"失去响应。为了继续在 Google Docs 中完成写作，我把大文档拆分成多个小文档，以保证流畅的输入体验。对于 Google Docs，我做了一些探索和妥协，因为我亲身体验到了这种在线服务模式所带来的效率提升，它带来的好处让我有足够的动力去克服一些小麻烦。修改本书第三版的时候，图灵社区有了自己的在线编辑服务，编辑的修改和勘误可以和我的修改直接合并起来，在线编辑的结果直接与电子出版、实体书出版对接，这又是一次效率的极大提升，正是这个极高效率的写作平台促成了本书的更新。

回想一个自己常用的软件被服务所取代的案例，在从客户端软件迁移到在线服务之后，你获得了什么，失去了什么？

进化到 2.0 的我

我从 2003 年开始写博客，和很多写博客的人一样，我比较关注浏览量、Pagerank、订阅量这类数据，然后我很痛苦地发现，我怎么写都超不过 Keso、木子美这些牛人（如果你没听过他们，可以理解为微博上的李开复）。如果有无数的人帮我写，他们所写的精彩内容又吸引无数的人来看，我就能轻松地超过博客大牛们……怎样才能实现我这个自私自利不劳而获的想法呢？

在我想着这个问题的时候，正好看到了 QDB（网址是 bash.org，参见图 2-1-5）——用户发表内容，用户审核内容，用户投票筛选内容。QDB 只有一套规则和一套体现其规则的代码，却可以持续地汇集内容，这真是一个理想的概念。当我和 Sam（我在环球资源时的同事）搞出来糗事百科（qiushibaike.com）之后，我的朋友 Yuchen 评价说："你这个地方很像蒲松龄搞的茶馆，大家可以来免费喝茶，代价是要讲个鬼故事。老蒲把听到的鬼故事收集起来，编纂成了《聊斋志异》（据说老蒲是半收集半原创的），你这里则是收集大家出糗的事情。"WOW，原来老祖宗们早就 2.0 了！

我还在自己的博客上做过一个很"2.0"很偷懒的事情。博客流行之后，大家都有了自己的博客，于是衍生出了友情链接的需求，维护友情链接的列表就成了问题。首先是谁能进友情链接谁不能进，得罪谁也不合适；其次是每次更新友情链接都要手动修改，烦。想要添加友情链接这样一个模块，又想逃避维护友情链接列表的劳动，两难之下我借用了 Digg 的概念，谁能进谁不能进全看数据排名：7 天内发表评论最多的 5 个人会自动占据友情链接中的 5 个席位。无需手动维护的友情链接模块就这样诞生了，来串门的朋友都有机会上榜，皆大欢喜。

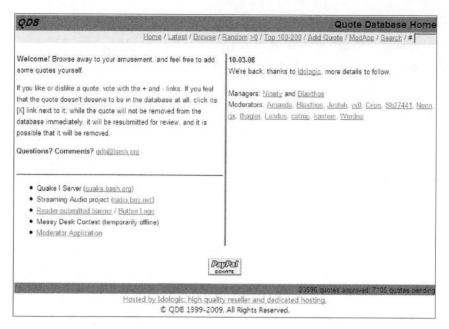

▲ 图 2-1-5　QDB 主页

正确理解低成本

Web 2.0 很强调低成本，这个低成本是从产品整个生命周期来看的，如果只看研发成本，运用了 2.0 思路的产品研发成本可能更高。

Wiki 是由用户共同维护的百科全书，它的词条在源源不断地增长，这在应用 2.0 思路之前是无法想象的事情，如果雇用专业编辑来创建这样海量的词条，成本将是天文数字。Wiki 的低成本，是指有效内容的获取成本，开发 Wiki 这样一个允许用户创建和修改词条的系统，比传统的内容管理方式要复杂很多。

再以糗事百科为例，想要实现一套类似 QDB 的用户审核系统，研发成本高于没有审核系统的整个网站。从产品的整个生命周期来看，这里的一次性投入可以代替 N 个编辑 7×24 轮班审核的工作，极大地降低了整体成本。

随着用户生成的内容（User-Generated Content）越来越普遍，一个主编每天审核几十篇新闻稿这种方式变得不再适用，举报系统开始变得流行，图 2-1-6 是 hunch.com 的举报表单。举报的思想很类似真实世界中的报警，一个区域中不可能有足够多的警察监视着所有人的一举一动，从警察与市民的人数比例来说，大多数的违法犯罪活动必然是市民发现的，警察需要市民的举报来协助自己执法。同样，网站有限的员工根本无法有效管理海量用户的活动，举报系统变得非常必要，它可以帮助网站管理人员及时发现"破窗"（网站如果对广告贴没有采取行动，很快就会被广告淹没），从而进行修补。产品概念升级到 2.0 之后，用户的活动明显增多了，释放集体智慧的同时，也要想办法去驾驭集体智慧。在中国，频繁出现"破窗"更意味着频繁地被监管。

◀ 图 2-1-6　hunch.com 的举报表单

0.2.2　过滤

一个概念是否可行，更确切地说，一个概念能否在你的公司中被有效地执行出来，是比概念本身更重要的问题。再好的概念都只是 0，有效的执行才是 0 前面的 1，概念遭遇的第一个执行步骤便是过滤。

过滤就是从概念出发，系统地审视基于这个概念的完整商业模式，iPad 上的 Bussiness Model Toolbox 提供了一个非常凝练的商业模式画布，参见图 2-2-1（这个画布也有经济适用打印版 http://www.businessmodelgeneration.com/downloads/business_model_canvas_poster.pdf）。

填充这个画布，其实就是回答以下几个问题：

1. 哪些用户可以通过产品受益，他们是男是女，年龄多大，有多少人？

2. 这个产品概念为它的目标用户带来什么价值？

3. 产品所实现的价值如何传递给用户？

4. 如何建立和维护产品与每个用户之间关系？

5. 能获得收入吗？

6. 实现这个产品概念，有哪些核心资源是已经具备的，哪些是欠缺的？

7. 需要完成哪些关键任务才能达到里程碑？

8. 需要外部的合作伙伴吗？

9. 上述问题共涉及哪些成本？

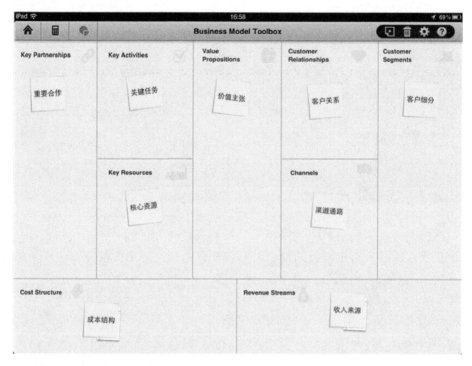

◈ 图 2-2-1　商业模式工具箱

先有目标用户还是先有为用户服务的点子？

这个问题我想了很久。答案肯定是先有目标用户，比如自己、家人、身边的朋友、商业伙伴，发现尚未满足这些真实用户的需求。但在实际情况中，很多概念是针对非常具体的用户提出的，有了概念之后需要回过头来发散地想想这个概念如何适应更大的用户群，甚至在产品发布之后，目标用户群也在不断地发生变化。

　　本书最初的目标人群是我在腾讯担任内部讲师时接触到的校招、社招产品经理，向图灵公司提交提纲和样稿后，刘江老师和我讲，目标读者能不能扩大一些范围，把即将毕业找工作的学生和创业者两类人群也覆盖到。我认真考虑了这个建议，发现只要把问题解析得更直白一些，引入创业相关的一些问题，不用动大手术就能覆盖。第一版出版之后，两个朋友找到我：一个是编辑转行做产品经理的，和我讲这本书其实可以面向广大编辑人群，他们有很多人想了解产品经理这个岗位；另一位是创业公司的产品经理，他抱怨这本书在很多细节上并不符合小公司的实际情况，和我讲了他所面临的真实问题。然后，我把这些反馈也尽可能融入了本书。你正在阅读的第三版，和豆瓣上的一位网友纽扣儿有直接的关系，他从道德、哲学、艺术、人类进步等角度强烈抨击了我所描写的 Copy2China 现象，让我意识到我的一些表述方式的确有很大的改善空间，于是我再次修改书中的语言和案例，尽量避免触犯读者的情绪，以适应更广泛的读者群。

还有一些概念，压根不是面向用户提出来的，这是致命的基因缺陷。

　　2009 年，一位朋友邀请我试用他们公司研发出来的一款数码相框的原型机：800×600 分辨率，触摸屏，通过 WIFI 可以访问网络相册、网络视频、网络音乐等应用，还能看天气预报，很好，很强大。唯一的问题是，这款数码相框预计售价 190 美元，而市面上流行的数码相框售价才 19 美元。那么，谁会购买呢？我不会购买，我宁愿买一个 199 美元的 iPod Touch。我爸爸会买吗？公司老板会买吗？似乎都不像冤大头。如果用户要买一个数码相框，他想要的是一个普通相框的替换产品，仅此而已，不需要很多功能，越便宜越好。而这款 190 美元的数码相框，是从叠加功能的角度出发臆想出来的怪胎，没有人愿意花钱领养它。

产品应该从满足用户需求出发，这里说的用户不单是指个人用户，也包括企业用户，比如 Google Adsense 就是方便中小企业投放广告的平台。在判断产品概念是否真的面向用户时，测试用的用户样本越具体越好，最终使用产品的用户都是真人（或真正的企业），不是抽象出来的"用户"，他们有性别、年龄、教育程度、收入等等具体属性，他们有真实的需求，他们有真实的使用场景。我们可以通过"**朋友测试法**"来判断一个概念能否在真实世界中落地——我身边的某个朋友会不会成为用户，他为什么要使用这款产品，我的父母会不会使用这款产品，为什么？如果测试下来发现身边没有一个"真人"想要使用它，这个概念就有很大的问题。

如果产品概念能通过"朋友测试法"，接下来可以发布**最小化可行产品**（minimum viable product）进行更大范围的验证，降低贸然投入大规模开发成本的风险。最小化可行产品仅包含验证概念所必须的特性，多余的特性一点也不开发。比如要验证是否有人希望通过手机应用识别名片，可以仅仅发布一个产品概念演示视频看看大家的反馈，也可以发布一个上传名片招聘加后台人肉识别的手机应用，这两种方法都不需要完整的产品就能对概念进行有效的验证，并且验证所需的周期更短。

hao123——从身边的用户起家

1999 年，网络在中国逐渐普及，广东兴宁县也开始有了网吧。这时，对上网开始着迷的李兴平在当地网吧找了一份网吧管理员的工作。因为要帮人攒电脑赚钱，所以他需要用网络查询配件报价之类的信息，很快他发觉在网上找资料非常困难，当时不仅中文网站内容不够丰富、数量有限，而且要把那些用英文字母表示的网址一个个记下来，也不是一件容易的事情。于是，他想到一个解决办法，设计了一个个人网页，把他认为好的网站搜集在一起，并和它们建立链接。当下次上网时，他就很方便地直接进入这些常用的网站。

网吧管理员的职业让李兴平天天泡在网上，泡在那些打游戏、聊天、上网的网民中。很快，他注意到来网吧的人中很多都不知道如何上网，上网后又不知道去哪里找到所需要的内容。当时的上网费很贵，时间与金钱却往往在茫然不知所措中奢侈地流失。他发现自己的个人主页可以帮助这个人群之后，开始有意识地去做网站地址搜集分类工作，爱琢磨的他想到要做一个"网址大全"式的东西（Yahoo! 一开始也是杨致远和费罗收集网址的个人主页）。半年后，李兴平的个人主页开始有了 hao123 的雏形，他当时给它起的名字就是"网址大全"（后来改名为"网址之家"）。

hao123 这个简单直白的域名也同样契合它所服务的人群，从未学习过英语的中老年人和农民，都能正确地拼写 hao123（参见图 2-2-2）。2004 年，百度在上市前夕找到李兴平，收购了他的 hao123，据知情人士透露，收购价格为 1000 万现金加 4 万股百度期权。

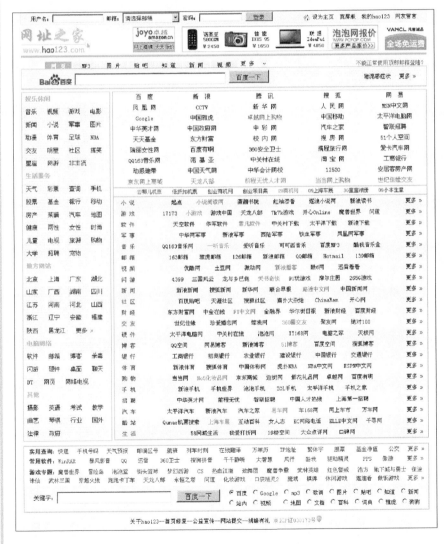

▲ 图 2-2-2　hao123 的网站界面

糗事百科的流量来源也从侧面反映出中国网民对 hao123 的依赖性，如表 2-2-1 所示。

表 2-2-1　2012 年 12 月糗事百科网站流量来源构成（不包括手机访客）

流量来源	访问次数占比
hao123.com	48.93%
（直接访问）	13.43%
hao.360.cn	13.19%
百度搜索	8.05%
123.sogou.com	4.58%

在为概念寻找真实用户的同时，也需要了解这类用户的规模，以便预测自己的产品在整个市场中的地位。如果已经有一个锁定好的案例，借助于它所透露的信息和 alexa.com 提供的第三方信息，我们可以对它有史以来的经营情况有个大概的了解。（图 2-2-3 是 0.2.1 节中介绍的 bash.org 的日到达率情况，版权归 Alexa 所有。）

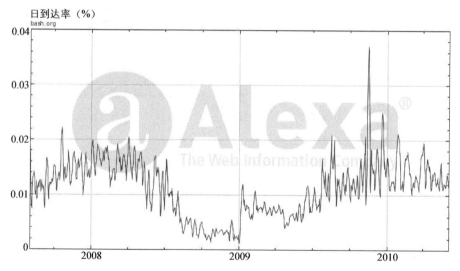

🔺 图 2-2-3　bash.org 的日到达率（每天访问 bash 的用户占全球网民的比例）反映出它是一个小众网站

通过 CNNIC 的互联网调查报告，我们可以看到各类互联网产品在中国网民中的整体普及率（使用人数占整体网民的比例），这是一个很好的参考基准，如表 2-2-2 所示（摘自《第 31 次中国互联网络发展状况统计报告》，可以到 cnnic.cn 网站查看更多报告）。

表 2-2-2　2012 年各类网络应用使用率

互联网产品类型	用户规模（亿）	使 用 率	代表性产品
即时通信	4.7	82.9%	微信
搜索引擎	4.5	80.0%	百度
网络音乐	4.4	77.3%	QQ 音乐
博客 / 个人空间	3.7	66.1%	新浪博客
网络视频	3.7	65.9%	优酷
网络游戏	3.4	59.5%	DotA
微博	3.1	54.7%	新浪微博
社交网站	2.8	48.8%	QQ 空间
电子邮件	2.5	44.5%	QQ 邮箱
网络购物	2.4	42.9%	淘宝
网络文学	2.3	41.4%	起点
网上银行	2.2	39.3%	招商银行
网上支付	2.2	39.1%	支付宝
论坛 /BBS	1.5	26.5%	天涯
旅行预订	1.1	19.8%	12306
团购	0.8	14.8%	美团
网络炒股	0.3	6.1%	大智慧

某类产品的普及率高并不代表立即去做这类产品就一定能获得很多用户，还需要关注这类产品的集中度。比如即时通信，目前的集中度非常高，在没有实现即时通信软件之间的互联互通之前，马太效应决定了哪一家的用户数最大哪一家的吸引力就最大，一个新的即时通信产品很难抢到增量网民也很难转化存量网民；而网络论坛这个细

中国目前有多少台 iPhone，多少台 Android 手机？

分市场的集中度就比较低，不同兴趣的用户会聚集成无数个群组，新产品容易生存，但用户规模的天花板低。

这个产品概念给用户带来什么好处？它被过实践吗？

如果一句话讲不清楚一个概念所能带来的好处，那么这个概念就有大问题，用户没有那么多耐心去理解你的概念。能够向多大范围的人群快速讲明白产品的好处，能够打动这中间的多少人，这两个方面在很大程度上决定了产品的用户规模。

Facebook 中的动态新闻（News feed，参见图 2-2-4）给用户带来了什么？

⊛ 图 2-2-4　Facebook 的实时动态

"News Feed highlights what's happening in your social circles on Facebook. （动态新闻展现你的 Facebook 社交圈中的新动向。）"——Ruchi Sanghvi （Facebook 的 Feed 产品经理），2006 年 9 月 5 日，http://blog.facebook.com/blog.php?post=2207967130

产品概念是否被解释明白了，或者有没有被解释变形了，这些可以用"真实世界投射法"来验证（根据前面提到的 Stigler 定律，这个方法肯定不是我最早提出的，只是我至今没有找到它的原始出处）。真实世界投射法是指将互联网上的概念投射到真实世界中比较普遍的事务上，通过已经被验证的真实世界案例或规则来推断这个互联网产品概念的可行性。

在真实世界中，我们通过默默观察身边的朋友来获得他们的动向。比如小强今天早上胳膊上缠着纱布来上班，结合他昨天下班拎着足球走出办公室，可以推测他可能在踢球的时候受伤了。这种通过观察周围来获取信息的方法叫周觉（Ambient awareness），周觉可以节省很多不必要的提问和回答。在实时动态出现之前，我们想在互联网上关注好友的 Blog、Twitter，就要一个一个地方跑去看，费时费力，而且网络上暴露出来的信息有限，很多事情还是要通过电子邮件或者即时通信去问。实时动态为我们提供了互联网上的周觉能力，它提供了一个集中且高效的观测中心，并且也致力于收集用户更多的线上线下行为（比如新结交了朋友、上传了照片、去电影院看了一场电影等），从而能够让用户很轻松地默默关注网上的朋友。

魔兽世界中的副本（Instance dungeon）给用户带来什么？副本可以让用户在独有的私人地下城中进行更个人的体验。

副本这个概念是由 Ultima Online 的制作人 Richard Garriott 最早提出来的，目的是解决 MMORPG 中众多玩家抢一个 BOSS 的问题。每个玩家都想杀死游戏中的大 BOSS，如果游戏世界中只有一个大 BOSS，那么大家只好排队去杀它，力气小的玩家还会被赶走，没有排队的资格。这就好比真实世界中只有一个电影院，大家要看《阿凡达》只能排队轮着看。实际上，真实世界中有无数个电影院，想看《阿凡达》的人可以随时买票进入其中的一个电影院进行体验。副本就是游戏中的电影院，每个副本中都有大 BOSS 的拷贝，玩家可以随时进入副本进行体验，不用排队，互不干扰。

微信为它的目标用户带来什么？微信的目标用户是否可以细分为几类？

概念已经弄明白了，为什么还要寻找概念的原始出处？

这样可以帮助我们更深刻地理解这个概念。一个概念经过几个国家的反复实践，可能已经变得很庞大很复杂，难以辨识它主要能为目标用户带来什么。如果找到概念的源头，就比较容易看清知识社区的核心就是"由用户回答用户提出的问题，形成一个知识库，进而提供搜索"。

现在说起知识搜索，国内的最佳实践可能是"百度知道"，"百度知道"的概念来自于哪里呢？国内的最佳实践并不等于全球范围的最佳实践（Best Practice，已经在别处产生显著效果并且能够适用于此处的优秀实践），它可能对全球最佳实践做了裁减和变形（其中本地化性质的变形是值得借鉴的），了解全球范围的最佳实践可以令产品的起点更高。

▶ 2005 年 7 月，百度推出"知道"。

▶ 2004 年 11 月，新浪推出"爱问"。

▶ 2002 年 10 月，Naver 推出了具有知识问答、烦恼问答（加入了娱乐化概念的知识搜索）和开放辞典等模块的"知识 iN"，并将"知识 iN"与自己的综合搜索相结合，获得了巨大的成功。

微信这款产品的概念出自哪里，全球最佳实践是什么？

● 2000 年 10 月，DBDIC 将 Ask Bar 模式引入韩国。

● 2000 年 2 月，美国的 Ask Bar 发明知识搜索，具有知识问答和搜索功能。

通过哪些渠道可以接触目标用户？

糗事百科通过提供真实好笑的内容帮助用户调节压力保持心理健康，那么这个价值如何接触到用户呢？可以通过网站、移动网站、App、Feed，离用户再近一层，还分别有导航站、移动导航站、搜索引擎、应用市场、聚合器等。没有充足的渠道，产品就会错失很多发展机会，甚至直接被市场淘汰，糗事百科在发展的过程中有幸把握住了这些渠道。那么未来还应该关注哪些渠道？

张颖和"我们爱讲冷笑话"教给我的重要一课

在全职创业之前，我有幸拜访了经纬中国的创始人张颖。张颖问了一下糗事百科的概念和数据，掏出手机在微博中搜索糗事百科（他并没有打开移动网站），看了一会，和我讲了两点：为什么糗百已经有不错的用户基础，还没有全职创业，我太过于保守；为什么糗百的微博账号粉丝这么少，没有把这个适合传播短内容的渠道利用起来，我对新渠道不够敏感。

然后我开始反思，为什么糗百没有把微博看作渠道，为什么"我们爱讲冷笑话"在微博发展的早期就把微博当成了重要渠道？在微博发展早期，糗百也尝试过使用微博，但使用性质是把微博作为网站或移动网站的渠道，尝试一段时间后发现引流作用几乎没有，长微博、直接看图片、直接看视频等功能让微博用户养成了不跳出微博的使用习惯，微博粉丝只消费内容而无法参与投票等建设性工作，所以我们就放弃了这个渠道。

"我们爱讲冷笑话"是借助豆瓣小组成长起来的，自己的网站并不强，所以它在传递自己的用户价值时不会有网站这种形式上的束缚，只关注如何把价值传递出去以及哪些渠道的传递效率更高。基于这种思路，冷笑话微博中提供的内容更贴近微博用户的消费习惯，可以直接看完，而糗百的微博内容很多是摘要加链接，没人订阅没人转发，更没人点击。

认识到这一点后，糗百开始用更加适应渠道特点的方式将价值传递给微博用户，总算让微博粉丝增加到 160 万。更重要的是，在这个新的认识下，糗百不太容易再错过新渠道了，微信、视频站、报纸杂志、图书、电台等等都纳入了评估范围。

给渠道（比如网站、App）找渠道，而不是直接给产品的用户价值（比如调节压力）找渠道，是很多产品的通病，这种思路极大限制了产品可能接触到的用户规模和接触速度。有时候，新渠道会侵蚀现有渠道的用户，甚至破坏现有渠道的收入，比如新浪推出微博，很多资讯不需要再进入新浪新闻去看，新浪新闻的流量和收入都受到冲击，自己革自己的命，收获了微博，如果是别人革自己的命，那就什么都没了。微信对于 QQ 和手机 QQ 来说，也是类似的情况，用户需要的是沟通能力，微信更符合用户在智能手机上的使用习惯。

渠道是考验产品经理是否真心为用户服务的试金石，如果无法放弃眼前的渠道和收入，不能回归到用户价值审视所有可能的渠道，产品可能就会错失重要机遇而被淘汰。

用户希望与产品建立和保持哪种关系？

《商业模式新生代》中列举了六类用户关系：

用户关系	案　　例
个人助理和专用个人助理	携程电话客服
自助服务	携程网站
自动化服务	卡巴斯基
社区	豆瓣
共同创作	糗事百科

由于用户的多样性和用户场景的多样性，大多数产品都需要做到覆盖多种关系类型。比如携程，自助服务无法满足不擅长电脑操作的人群，也不能解决一些紧急情况下的问题，所以需要个人助理作为必须的补充。

我在腾讯工作的时候曾经负责过 Q 吧，这款产品的概念源自韩国 Daum 网站的Cafe，让用户可以建立自己的社区。我们在研究 Cafe 的时候发现，社区的创始人非常关键，如果只有建立社区的自助服务，找不到靠谱的社区创始人，就等于守株待兔。我们锁定了各个社区中活跃的版主、组长、吧主等，通过专用个人助理与他们沟通，请他们尝试使用 Q 吧，从而快速解决了社区冷启动的问题。接下来，这些社区创始人的社区规模越来越大，他们需要引入社区管理团队，需要对管理团队的成员分配不同的管理权限并进行考核，我们就针对他们的需求提供了维系他们与管理团队之间关系的自助服务和自动化服务。有效地处理好这些用户关系，Q 吧才能迈上新的用户量级。

国内互联网产品在用户关系方面做得最好的，非大淘宝莫属，光是卖家关系就足够让竞争者望而却步了，其中淘宝卖家服务市场堪称为电子商务领域的 App Store（参见图 2-2-5）。

⚠ 图 2-2-5 淘宝网卖家中心

互联网产品如何赚钱？

经常有朋友问我，糗事百科能赚钱吗？怎么赚钱？我回答：广告。通常他们会追问，广告真的可以赚钱？我们先看看当前一些主流互联网产品类型的商业模式，参见图 2-2-6。

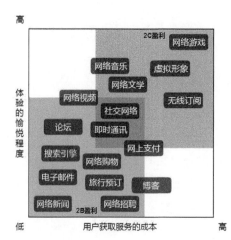

◀ 图 2-2-6 2C 盈利是指向个人用户（Consumer）收费，2B 盈利是指向公司（Business）收费

根据艾瑞咨询公布的行业数据，2012Q3 中国网络广告市场规模 213.7 亿元，通过广告的确可以赚到钱。

为什么可以向个人用户收费？

传统的产业划分是"农业－工业－服务业"，世界著名未来学家 Alvin Toffler 在其 1970 年的著作《未来的冲击》（*Future Shock*）中提出了一个新的划分方法，即"制造业－服务业－体验业"。Joseph Pine II 与 James H. Gilmore 合著的《体验经济》（*The Experience Economy*）进一步指出："如果你为物品和有形的东西收费，那么你所从事的就是商品业。如果你为自己开展的活动收费，那么你所从事的就是服务业。只有当你为消费者和你在一起的时间收费时，你才算进入了体验业。"

《体验经济》用了一个体验故事开场。

> 20 世纪 60 年代，丽贝卡的妈妈过生日，丽贝卡的奶奶亲手烤制生日蛋糕，她购买价值 10 ～ 20 美分的原料制作蛋糕。
>
> 20 世纪 80 年代，丽贝卡过生日时，妈妈打电话给超市或从当地的面包房订生日蛋糕。这种定制服务将花费 10 ～ 20 美元，而许多父母却认为定制蛋糕很便宜，毕竟这样做，他们就可以集中精力于计划和举行画龙点睛的生日聚会。
>
> 21 世纪初，丽贝卡的女儿过生日时，丽贝卡会把整个聚会交给"迪斯尼俱乐部"公司来举办。在一个叫纽邦德的旧式农场，丽贝卡的女儿和她的 14 个小朋友一起体验了旧式的农家生活。他们用水洗刷牛的身体、放羊、喂鸡，自己制造苹果酒，还要背着干柴爬过小山、穿过树林。丽贝卡为此付给公司一张 146 美元的支票。
>
> 丽贝卡的女儿在生日祝词上写道："生日最美妙的东西并非物品。"

摘自《体验经济》，夏业良译，机械工业出版社

网络游戏是非常典型的体验经济，用户为了获得游戏中的体验而付费。艾瑞咨询估算 2012Q3 中国网络游戏整体市场规模为 133.5 亿元。网络游戏在今天细分出了两种商业模式：一种是按游戏时间付费，用户花钱与游戏在一起，体验游戏；另一种是按道具付费，用户花钱与游戏中的道具在一起，体验道具带来的愉悦的游戏体验（体验业并不一定是按照时间收费，体验提供商可以按照估算

的体验时间进行一次性预收费）。

在游戏之外，用户购买虚拟形象和装扮个人空间等商业模式，也是体验经济。用户在付费之后，获得了审美和逃避现实的体验。如何区分服务和体验？QQ会员、付费下载网站等服务与体验有什么不同？有个简单易行的办法：看这项业务的说明——如果它能详细地罗列出自己提供的服务内容，比如在图2-2-7中QQ会员列出了49项特权与功能，那么它就是服务；如果它不能罗列出服务内容，比如《地下城与勇士》介绍自己的页面（参见图2-2-8），只能给出一些关于体验的描述，它就是体验。

其实服务业和体验业之间是存在宽泛的重叠地带的，比如QQ会员——每个QQ会员用户都是在看过特权清单之后才付费的吗？很多用户并不知道有这个清单的存在，他们只是在购买一种尊贵的体验，对于这些用户来说，QQ会员是体验业而不是服务业。"制造业－服务业－体验业"的划分标准相对于"农业－工业－服务业"，一个巨大的区别是把划分视角转移到了用户，QQ会员是服务业还是体验业，每个用户都有自己的答案。对于产品来说，应该习惯于不同用户会用不同的视角来看待自己的商业模式这个事实。

列出QQ秀的收费内容、价格和收费渠道。Q币是收费内容吗？

（QQ特权与功能图示）

◉ 图2-2-7 QQ会员列出的特权与功能

54

《地下城与勇士》游戏简介

《地下城与勇士》是由韩国Neople开发，由腾讯代理引进一款超人气格斗网游作品，华丽的必杀技、爽快的连击，所有接触过《地下城与勇士》的玩家，一定都会被其强烈的街机风格所强烈吸引。

在《地下城与勇士》中有五个各具特色的职业可以供你自由选择，他们分别是刚正爽直的鬼剑士，以抓抱近身格斗见长的格斗家，放荡不羁的枪手，使用元素魔法召唤恶魔的魔法师，以及攻防平衡的圣职者。每个职业都会随着等级的提升而进行转职，从而拥有不同的角色能力，同时"觉醒"的加入，更加赋予了各个角色与众不同的特色。

《地下城与勇士》通过领先全球十年的技术，完美解决了网络延迟瓶颈，引入全套即时格斗元素，完美再现了动作格斗游戏的精髓，是一款真正的集大成的动作网游。以往在各种街机、单机中才可能出现的格斗场面和技能招式，如今在《地下城与勇士》中都得到了完美再现。

玩家在游戏中可以通过精妙的操作、灵敏的反应以及对技能组合的理解，打出华丽的连续技并最终战胜对手。随着人物角色的逐渐强大和玩家对游戏理解的深入，越来越多的技能组合可以被探索和使用，战斗技巧的提升无穷无尽，每天都会遇到不同的对手，实现战斗技巧的突破。

《地下城与勇士》拥有炫酷的装扮，每种装扮都会给玩家带来属性的提升和外观的变化，你可以在游戏中自由选择自己喜欢的装扮，还可以合成装扮来提升装扮属性。游戏中的武器防具强化系统，可以把你喜欢的任何武器防具进行强化升级。与别的游戏不同的是，强化没有封顶，只要你有信心和勇气，加上一点点的运气，你会在《地下城与勇士》中创造无与伦比的神器！

游戏独有天平系统，完美解决了玩家之间竞技时的角色等级落差。每次进入竞技场，都会有天平进行自动平衡，让你和你的对手站在同一起跑线上。再也不用为对方的等级而发愁，让你完全凭借自己的经验和智慧去战胜对手，赢得荣誉。

《地下城与勇士》起初在韩国测试时并没有受到太高关注。但是随后的实际表现却令所有玩家和业内同行刮目相看。而在被引进到日本后，虽然当地的网游市场不甚发达，《地下城与勇士》也还是取得了同样优秀的运营成绩。凭借在两国的超高在线人数和引发的街机格斗热潮，《地下城与勇士》从当年的黑马一举登上了"国民级网游"的王者地位。如今，它已经来到中国，对于热爱游戏的你来说，又怎能错过呢？

⊛ 图 2-2-8　DNF 给出的关于体验的描述

为什么可以向企业用户收费？

企业最基本的需求是通过一些媒体渠道向潜在用户传递一些信息，让用户来购买他们的产品、服务或体验，传递信息的主要手段就是广告，帮助这些企业做广告的媒体就可以收取广告服务费。没错，广告是媒体提供的明码标价的服务。

大家都可以理解电视广告是能赚钱的，那么网络广告呢？我们从用户使用各种媒体的时间分配（参见图 2-2-9），可以看到使用网络媒体的时间正在大幅增加，同样，广告投入分配给网络媒体的比例也会跟上。

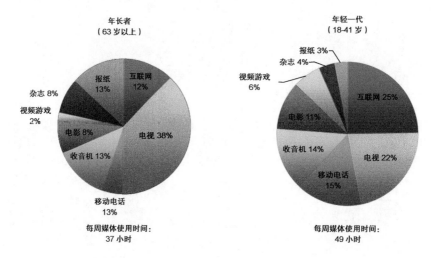

△ 图 2-2-9　18-41 岁的美国人使用互联网的时间占比增加至全部媒体时间的 25%（数据来源：Forrester Research's 2007 North American Technographics Consumer Benchmark Survey（Age 18-41 data is the average of age 18-27 & 28-41））

从广告形式来看，互联网广告可以分为搜索广告、展示类广告、分类广告、引导广告、电子邮件广告五大类。

搜索广告是有搜索技术支撑的广告类型，可以细分为两种：根据搜索关键字在搜索结果页中展示的广告，和根据上下文在内容页中展示的广告。搜索引擎投放在自己搜索结果页中的广告是搜索广告，具有搜索技术的广告代理提供给第三方网站的广告也是搜索广告，譬如著名的 Google AdSense（参见图 2-2-10）。由于搜索广告可以自助投放而自动获取分成，很多小网站最初都靠投放这类广告获得现金流。

⬆ 图 2-2-10　注册 Google AdSense → 获取广告代码 → 将广告
代码嵌入网站 → 获得广告分成

展示类广告就是投放广告主提供的展示素材，根据展示素材的不同，又可以细分为横幅广告、富媒体广告、视频广告和赞助广告。由于这些广告素材的制作成本比较高，所以一般都是在影响力比较大的媒体渠道投放（小媒体所提供的投放效果可能连广告制作成本都无法收回），我们在上了一定规模的网站上经常会看到这类广告。

分类广告是指投放在分类目录中的广告，比如 craigslist、百姓网等，如果你的网站不提供分类目录服务，那就不用考虑这种收入模式了。

在 Google AdSense 诞生之前，引导广告几乎是小网站的唯一选择。很多站长把自己的用户引导到亚洲交友中心之类的网站去注册，然后获得收入。托电子商务的福，今天站长们可以把用户引导到购物网站，让他们去消费，然后拿提成。豆瓣获得现金流的一个重要手段，就是引导广告，图 2-2-11 的右侧有卓越亚马逊等网店引导链接，如果用户从豆瓣点击过去并产生了消费行为，豆瓣就可以获得引导分成。

▲ 图 2-2-11　豆瓣上的引导链接

有时候广告主希望能在电子邮件中展示他们的横幅广告、文字链接、赞助信息，或者推介一个活动。这类广告发布与展示类广告有所不同，电子邮件中大多不支持 JavaScript 等脚本，所以不能用展示广告的投放方法，即通过 JavaScript 调用将网页素材动态地插入到网页中，而需要在邮件发送之前预先制作在邮件当中。获得这类广告收入，需要一个网站具备足够多的注册用户，并掌握这些用户的有效电子邮件地址。

前面我们说过，中国互联网市场的广告收入规模与美国相比差距很大，现在还有一个坏消息是，在美国，规模最大的 50 家公司占据了 90% 的广告收入，参见图 2-2-12。中国市场没有类似的公开数据，按照 20:80 原则，我们可以认为中国市场的情况与美国不会相差太多，在整个互联网市场中，绝大多数（前面讲的 50 家以外）的中小网站要争夺 10% 的广告收入份额。好的方面是，一个网站广告收入的规模与其排名可能是几何级数的关系，排名的提升对广告收入的提升影响会非常显著。

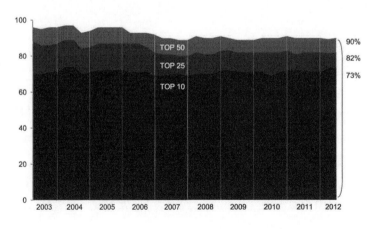

◀ 图 2-2-12　美国互联网广告市场 TOP50 收入占比（摘自 IAB internet advertising revenue report 2012 first six months' results）

在广告之外，互联网产品还可以通过品牌授权或提供调研服务等方式向企业用户收费，这些模式的收入规模与广告相比非常小，我们在考虑商业模式的时候可以暂时略过。

能否成为现金牛或平台？产品在公司的战略布局中处于什么位置？

我见过很多这样的事情：一款产品在发布一段时间之后没有达到引爆点，用户数和收入都止步不前，公司就想，既然这里暂时难以突破，那就把资源重新分配到需要的地方吧，于是产品团队转做其他产品，或者解散之后内部重新应聘。过了一年半载，竞争对手在这个领域取得了一些进展，公司再重新组织一个团队把这款产品捡起来继续跟进，可能还会循环往复几次，比如 QQ 浏览器团队。如果公司的规模很小，资源有限，没有腾挪的空间，那么选择了难以突破的产品很可能意味着倒闭。

考虑自己的产品定位，并不是说我们不要去做 Wikipedia 这样的产品，而是要避免用做 Facebook 的心态去做 Wikipedia，否则这种定位上的错位对产品和产品经理而言都是灾难。

什么是现金牛产品？

这个概念来自于波士顿矩阵（BCG Matrix），现金牛产品是指利润率超高的产品，并且利润占公司总利润的很大比例，比如魔兽世界，一度占据九城 90% 的收入（相信其利润占比也非常高），曾经是九城最重要的现金牛。

什么是平台产品？

业界有人戏称，"在 QQ 上插根扁担都能开花"。所谓平台，就是能摆放东西的平面。所谓平台产品，就是能通过自身的资源优势拉动其他产品的产品。平台产品具有强大的生命力和拉动能力，往往是一家公司的基石，腾讯就是以 QQ 为基础发展出了几乎覆盖所有互联网业务的企鹅帝国。

导入用户数 = 平台产品的活跃用户数 × 转化率 × 拉动时长

通过上面的公式可以看到，平台产品的用户数是一个重要的基数，如果这个基数不够大，即使转化率再高，被拉动的产品能够获得的导入用户数还是很有限。所以，衡量产品是否具备平台性质时，它的用户数是第一个关键指标。

一款产品的用户规模是否会变得很大，要看这款产品有没有满足用户的强需求和频发需求。相对于满足用户的弱需求而言，满足用户的强需求可以获得更大量的用户，用户规模也更加稳定（比如弱需求可能会在金融风暴来临的时候削减，而强需求则不会）。移动通信是典型的强需求，现代人出门不带手机就会觉得缺乏安全感，安全需求在马斯洛需求理论中是仅次于生理需求的基本需求。频发需求意味着用户会经常使用该产品，这对于养成用户的使用习惯，提升用户忠诚度都是很有帮助的，比如一个用户习惯了 iOS 的操作界面，他就很难更换到 Android。

Intel 是一家拥有平台的公司，它的第一个平台是 CPU。CPU 是电脑用户的强需求，而且是刚性需求，借助这个平台，Intel 发展出了自己的第二个平台——主板。与其说我们是把 CPU 安在主板上，倒不如说是在选好 CPU 之后把主板安到了 CPU 上。回顾一下主板的发展历程，会发现这是一个不断蚕食其他电脑配件的历程，声卡、网卡、显卡都被集成到了主板上。由于控制了主板，Intel 还制定了电源、机箱等设备的标准，还尝试通过 Moblin 进军了操作系统市场，从 Intel Inside 变成了 Intel Inside and Outside，这就是平台产品的威力。

如果一款产品既面向弱需求，又面向非频发需求，那将是非常危险的事情。在线日历 Kiko 由于无人问津，最后只能在 eBay 上出售自己。Netvibes 曾经掀起过一阵个人门户的风潮，甚至连 Google 都不能免俗推出了 iGoogle 个性化首页，但 Netvibes 却一直没有真正地大红大紫过。个人门户是用户上网的入口，看似是强需求也是频发需求，但唯一的问题是，它没有浏览器方便。浏览器自带的收藏夹、链接栏和展示一些信息的扩展将用户的需求拦截了，如图 2-2-13 所示，用户可以直接从浏览器中获取天气等信息，浏览器自带导航站更是加强了拦截效果。

◀ 图 2-2-13　通过浏览器扩展可以更方便地查看天气情况

哪些产品迎合了用户的强需求和频发需求？我们可以从用户上网时间的分配比例来看看，其中即时通信所占的比例最大，其次是社交网络、娱乐、电子邮件和游戏，这些领域中的代表性平台产品分别是 QQ（拉动了 QQ 游戏、腾讯网等很多产品）、Facebook（拉动了很多第三方应用）、Youtube（非常开放的平台）、Gmail（拉动了 Google Talk 和 Google Docs 等产品）和 QQ 游戏（拉动了很多中型、大型游戏）。在游戏板块中，我们发现 MMORPG（Massive Multiplayer Online Role-Playing Game，大型多人在线角色扮演游戏）对其他产品的拉动并不强，因为它需要用户花费比较长的时间才能获得"一段"体验（比如完成一个副本任务），在此期间用户不会跳转到其他产品，游戏运营商出于收入的考虑也希望用户停留越久越好。用户在使用一款产品的时候是否愿意跳转到其他产品尝试一下，运营商是否希望将用户转移到其他产品，也是判断一款产品能否成为平台产品的重要因素。

杀毒软件（参见图 2-2-14）和短信都满足了用户的强需求和频发需求，但它们在拉动其他产品的时候转化率非常低，并不能成为一个好的平台。为什么？一款产品需要具备哪些方面的资源优势才能提升转化率？

▲图 2-2-14　卡巴斯基安全软件

平台要对用户产生影响，让他们去使用被拉动的产品，给予被拉动产品一定的展示面积和展示时间是非常重要的。防病毒软件的用户数众多，也一直伴随用户上网，但是它长期处于后台工作状态，激活到前台的机会很少，无法提供足够的展示面积和展示时间让其他产品曝光。短信有展示面积，可它的展示是手机控制的，运营商很难通过它曝光新产品。有一些"后台"软件为了解决展示面积和展示时间的问题，会在屏幕右下角凭空创建一个广告区域，这种方法的用户体验并不好，很容易导致用户迁移到更少骚扰的同类产品，它们的优化方案是在这个区域中显示天气、账号安全提示、系统安全提示等对用户有价值的信息。

如果平台提供了账号体系，用户到达被拉动产品之后可以直接登录，那就会大幅提升转化率，有很多用户都是在注册这个环节流失的。例如图 2-2-15 中 CrossFire 在 QQ 用户资料页中有广告展示，用户还可以通过 QQ 号码直接登录这款游戏，展示与账号体系的组合资源对这款游戏的拉动非常有效。Google 通过 Gmail 创建了自己的账号体系和用户触达渠道，在后续推广 Google Docs、Google Reader、Google Chrome OS 等服务的时候，转化率自然提升了很多。网络游戏《我叫 MT》是构建在网络视频《我叫 MT》的基础之上的，相对其他没有独特内容资源的游戏而言，《我叫 MT》有广泛的粉丝基础，竞争力更强。在展示面积和展示时间之外，账号体系、独特的内容、支付渠道等方面的资源优势，也是不能忽略的转换率影响因素。

◀ 图 2-2-15　CrossFire 游戏在 QQ
用户资料页中的展示

平台产品最可怕的一点是后发先至效应。有了平台产品，一家公司可以等竞争对手的概念有了实验结果之后再复制到自己的平台上，利用自己的用户群规模和触达用户的能力让后发的产品迅速超越先发产品。一个新的概念要首先教育用户，告诉大家自己能带来什么好处，然后才会有用户开始尝试使用，缺乏平台的公司在这个阶段需要投入大量的时间和金钱来拓展用户，但这对于拥有平台的公司来说只需一瞬间，且几乎无成本。基于 QQ 平台和被拉动产品的不俗品质，QQ 游戏、QQ 邮箱等产品都做到了后发先至，取代联众和网易坐上了业界第一的交椅。

我所负责的产品类型，与我个人的职业发展或公司发展有什么联系？

公司对于不同类型的产品，投入的资源和决心是不同的。平台产品和现金牛产品作为公司的用户支柱和收入支柱，公司会对其进行长期稳定的投入，老板也会每天绞尽脑汁尽力帮助这些产品走向成功。对于一款定位模糊的产品，公司可能会投入 1 ～ 3 年看看效果，如果没有用户数、收入、技术等方面的实质性突破，整款产品团队就会面临解散、整合、转战新产品等变动。

如果想要跳出单款产品的生命周期，那就应当首选平台产品和现金牛产品。对于现有的平台，或者现有的现金牛，如果你有足够的工作经验，那么可以通过内部调动或是跳槽的方式进入。对于未来的平台，或者未来的现金牛，有些时候会由最早提出产品建议的产品经理负责，有些时候会由公司高层另外指派经验丰富的产品经理负责。

当然我们也要看到，平台产品和现金牛产品是稀缺资源，一家公司不可能有几十个平台，几百个现金牛。如果摊上一款默默无闻的产品，怎么办？

首先，在 1 ～ 3 年的产品稳定期内，产品经理基本上可以走完产品创建、发布、运营的流程，这个流程可以为经验不够丰富的产品经理提供难得的实战机会，甚至可以提供平台产品／现金牛产品所无法提供的自由度（老板关注度低，所以自主权更大）。因此，千万不要轻视如此珍贵的工作机会。我没有在腾讯最核心的 QQ 产品团队中工作过，一样可以从半吊子产品经理成长为可以写本书与大家交流的产品经理。只要用心尽力去做，个人总是能在实战中成长的，况且，默默无闻的产品也有演变成平台或现金牛的可能。

此外，可以在做好本职工作的基础上想想自己手头上的这款产品是否最终有可能转变为平台或现金牛。分析好可能性之后向公司提出产品建议，如果建议被公司采纳，你的产品就可以获得公司更多的资源（团队规模、营销资源、老板的关注度等）。我曾经见过架构师提出产品建议，进而负责了一个服务公司内部需求的平台产品，我还见过支撑性部门提出产品建议，进而将一款新产品转型为现金牛产品。你所负责的产品，可能今天只是一只丑小鸭，但是通过你的努力，也许明天它就能变成白天鹅。

列出你最常用的 3 款互联网产品，分析它们是平台产品还是现金牛产品。如果是平台产品，它具备哪些资源优势？它拉动过哪些产品？

是否具备实现产品所需的资源？

资源可以分为实体资产（办公电脑、物流体系等）、知识产权（商标、专利等）、金融资产（现金、股票期权池等）和人力资源四类，对于初创新产品来说，人力资源，特别是一个靠谱的创始人，永远是最重要的资源。为什么大公司有资产优势、产权优势甚至渠道优势，在很多产品上还是败给了创业小公司？比如QQ 电脑管家对 360 安全卫士，QQ 旋风对迅雷，QQ 团购对美团。

一个产品概念可能各方面看上去都很好，但如果没有一个适合的人来组织团队实现它，终归还是没法落地。2005 年，马占凯发现很多新词在输入法的词库里都没有，比如"周杰伦"，他觉得在候选字表里一页页的选想要的字太麻烦，就把拼音 zhoujielun 直接输入到搜索引擎的搜索框里，搜索引擎会提示"您要找的是不是：周杰伦"，然后把自己想要的词复制粘贴就搞定了。久而久之，马占凯觉得及时扩展词库是提升输入法体验的关键，同时，新词来源的问题已经解决了，搜索引擎在他的实际使用中表现良好。他将这个设想发给了有词源资源的百度，石沉大海，然后他又发给了同样有词源的搜狗，搜狐副总裁王小川一小时内就回了邮件："三天后约见。"一个靠谱的创始人或产品经理，并不仅仅是有想法，他还有一定要把产品做出来并做到极致的信念，搜狗有了马占凯的加入，2006 年 6 月 5 日发布了搜狗输入法第一版，2009 年 6 月 5 日搜狗输入法安装量突破 8000 万，为搜狗的三级火箭模式打稳了基础。

需要完成哪些关键任务？

这是一个非常有针对性的问题，不同的产品，关键任务孑然不同，不同的创始人在思考同样类型产品的时候，关键任务可能也有很大区别。如果你是最适合当前产品的人，在需要做什么这个问题上，你自然就比任何人都更有自信。反之，如果你不能确信自己的答案是最佳答案，你就不是最适合的人选。

需要哪些合作伙伴？

从这个问题开始，答案就变得简单了，因为答案直接来自于前面问题的答案，如果前面出现过外部机构，他们就有可能成为合作伙伴。

一个好的合作伙伴，能在局部工作中实现更高的效率，更高质量的产出，更低的成本或更高的收益。对于中小网站或 App 来说，自己销售广告通常不会比使用广告联盟收益更高，因为广告联盟有充足的广告素材可以轮换避免视觉疲劳点击率下降，有推荐系统可以让用户可以看到更感兴趣的广告，还有很好的回款能力。

除了广告联盟，具有一定普遍性的合作伙伴还有：

▶ 知识产权代理，可以帮忙申请商标、专利，甚至还能帮忙申请高新技术企业资质减免税费

▶ 云主机或 IDC，解决硬件管理和带宽的问题

▶ 域名解析服务，缓解几大运营商网络割据的问题，遭遇 DDoS 攻击的时候也能帮上一些忙

有哪些主要的成本？

前面在分析资源的时候我们讲人力资源是互联网产品最重要的资源，同时，人力成本通常也是最重要的成本。2012 年果壳网的员工数达到 100 人，这意味着一年 1000 多万元的人力开支，在不继续增加员工的前提下果壳网要实现月收入 83 万元才能保持基本的收支平衡。同时期，糗事百科员工数 6 人，糗百只需要实现每月 5 万元的收入就能持续活下去，人少生存压力就小很多。

随着人数增加，沟通成本会大幅增加，人均效率会出现下降，即便有融资或者收入足够多，也要了解堆人手在很多时候并不是真正解决问题的方法。

> 　　一家公司的领导觉得技术线需要一个总监来分担自己的工作，于是请了一个技术总监回来。技术骨干与总监发生很多矛盾后离职了，由于找不到一个能力综合熟悉业务的人选，技术总监聘请了三个技术人员来承担以前技术骨干一个人的工作。四进一出，这部分工作的人力成本变成了原来的 2 倍以上，还造成了一段时间的业务停滞。这是一个真实的案例。

在日常工作中，每个决策都会涉及一系列的成本，能够预先看清这些成本是做出正确决策的先决条件。

"《巨人》的目标实际上主要是定在新玩家上，包括为了拉女性玩家，这对我们拉新玩家都有帮助，我们主要的力量放在这身上。因为拉其他游戏玩家的成本是很高的。"史玉柱曾说。

　　《巨人》甚至还打出了"消灭游戏里的光棍"的旗号。在这个设计理念下，《巨人》中不但有专门为女玩家量身定做的特务、舞娘等角色，还有大量鼓励男女玩家表情达意的环节，比如男女玩家亲密组队可以获得更高的经验值，收到男玩家玫瑰多的女玩家可以参加"巨人宝贝"的评选等，游戏中还首次设计了男玩家可以抱女玩家的动作。

　　这是一个非常聪明的意图。过去两年里，因为《劲舞团》等女性倾向的游戏兴起，中国女性玩家的市场展现出来。如果能将她们吸引进来，男性玩家也会随之而来。但是《巨人》本身并不是一款女性倾向的游戏，与《劲舞团》通过游戏性触达女性玩家有很大的不同，它仍以杀怪、练级为主线，这决定了它并不吸引女性玩家。因此，《巨人》决定从物质上刺激女玩家，推出了"倾国倾城"头衔，参见图2-2-4。

▲ 图2-2-16　拥有倾国倾城头衔的女玩家

一个女性玩家注册之后，可以带身份证和照片去指定网吧进行身份认证，符合巨人"五官端正、身材匀称"的要求就可以在《巨人》的虚拟游戏世界中获得一个"倾国倾城"的头衔。有了这个头衔，女玩家能在游戏中领到美女专属套装，性能比其他普通玩家好。女玩家做任何任务都还能获得更高的经验值。更重要的是，女玩家只要达到一定级别——每月在线超过30个小时，就能在游戏中领到每月50两的奖励金票。这相当于人民币500元，这种奖励延续一年，共计6000元。

有利益，就会有人惦记；有规则，就会有人钻空子。男玩家们开始想方设法去获得倾国倾城的头衔，比如找女朋友、女同学、女同事等去网吧进行认证，然后自己来操作账号。据一位女玩家表示，巨人的认证团队并不严格。自己去网吧认证时，一些女孩连很基本的问题都回答不出来，但是工作人员还是为她们办了认证。如果和地推团队中的认证人员熟悉，那就更容易了，不用替身都能获得倾国倾城头衔。紧接着，各种社区、电子商务网站上倒卖倾国倾城头衔的账号也开始普遍。

这样一来，很多顶着倾国倾城头衔的玩家，实际上都是男玩家。这让其他的人愤怒不已。"巨人里面的人妖，恐怕是那么多游戏里面最多的。"一位玩家说。

在认证环节失守之后，巨人只好寄希望于玩家之间的互相监督。2008年5月，《巨人》推出了"投票"的功能，玩家可以向认为不是女玩家的倾国倾城号投"人妖"的反对票，如果反对票高便会取消对方的头衔。很快，投票功能变成了玩家泄愤的武器，他们开始根据个人情绪随便投票，这让真正的女玩家受到了伤害。"一要问别人点什么，就被别人叫做人妖，搞得我连游戏都不敢上了。"一位女玩家说。

最终，倾国倾城在2009年年初停止认证。

摘自《环球企业家》2009年第14期，"'巨人'失手"（作者罗燕、勒志辉）

我的合伙人高志经常说："海量以上没有低成本的策略，海量本身就是巨大的成本。"在技术领域有一个著名的C10K问题，在这个问题提出时，一台服务器接受10000并发请求的时候响应会变慢甚至失去响应，随着技术进步，从操作系统和一些基础服务的角度来讲10000并发已经不再是问题，但对于自己编写的服务而言挑战一直都在。举一个简单的例子，如果只有100个用户，给每个用户新增最后登录时间的记录，几分钟就完成了；如果有 1000000 个用户，同样的操作，数据库可能会失去响应一段时间（可以大致理解为这个操作需要修改磁盘上的 1000000 个小文件），这样的规模下可能还有多个数据库需要同步，如果同步不是通过专线，大致又需要花上个把小时。在海量用户的服务上进行任何细小的改动，都要考虑清楚，否则就有可能造成服务中断，而服务中断又有可能引发搜索引擎中的网页索引被清空、导航站位置被取消等一系列难以弥补的长期损失。

0.2.3　获得投资

概念在经过了多层过滤之后，我们会发现真正有用户价值、可以商业化运作的概念并不多。接下来，我们要带着杀出重围的概念进入执行的第二步——找到实现这个概念所需的投资。

首先，你自己得愿意投资这个产品，不论有没有资金投资，你得进行人力投资，自己愿意扑到这个产品上面。然后，再看是否需要找投资者或公司老板获得额外的资源，还要找到一起共事的伙伴。投资者或潜在伙伴关注的问题比较类似，我们可以看一下天使投资者王啸总结的三大问题：

1. 产品概念是否处于趋势上，是否在满足强需求和频发需求？

2. 是否找到了有效的突破口，突破之后如何建立壁垒？

3. 团队能力与产品概念是否匹配？

产品概念是否处于趋势上，是否在满足强需求和频发需求？

投资的目的是获得回报，所以投资者会很关心这款产品能够服务多少用户，未来可以创造多少利润，趋势和解决了多大的痛点都是产品能够做大的必要条件。桌面互联网逐步停滞，移动互联网正在快速兴起（见图 2-3-1），如果产品概念可以和移动互联网这个大的趋势相结合，"大风一吹猪都能飞"，如果选择做传统电脑软件，多少会有点逆水行舟的感觉。

强需求就是一天要吃三顿饭、出门要揣着手机，弱需求就是找个时间去公园逛逛；频发需求就是饭一天要吃三顿、牙齿要一天刷两次，非频发需求就是明年回老家结婚。如果产品不是在满足用户的强需求，对用户来说就是可用可不用的，在了解或尝试过程中遇到一点点阻力就放弃了；如果产品不是在满足用户的频繁需求，等用户想找一款产品用的时候，可能早就忘记了以前关注过什么产品，无法建立对产品的忠诚度。

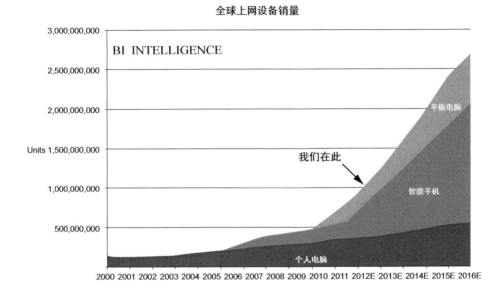

▲ 图 2-3-1　全球上网设备销量，引自 State Of The Internet: 2012，Business Insider

产品的预期规模有多大才能引起投资人的兴趣呢？"我这款产品的目标用户规模有 10 万人，2 年以后可以实现每月 20 万人民币的稳定盈利。"对于这样的收入规模，你自己或你公司的老板也许会很感兴趣，但是天使投资者（Angel Investors）和风险投资（Venture Capital）兴趣不大。天使投资者的资金规模较小（通常大部分是自己的钱），只关注公司的初创阶段，主要基于创始人和业务方向做判断；风险投资是专业的投资公司，他们募集大规模的资金，为了实现这么大规模的资金增值，他们更关注达到一定体量的公司（也有专注早期的风险投资机构，如经纬中国），主要基于业务数据做判断。

一家互联网创业公司，如果要走融资路线，顺利的话大致上会是这样一个过程：

▶ 第一年：公司成立，天使投资 50 万美元，融资后估值 200 万美元。

▶ 第二年：A 轮融资，VC 投资 400 万美元，融资后估值 1200 万美元。

▶ 第三年：B 轮融资，VC 投资 800 万美元，融资后估值 4000 万美元。

▶ 第四年：C 轮融资，VC 投资 2000 万美元，融资后估值 8000 万美元。

▶ 第五年：公司以 1.5 亿美元的价格卖掉。

创业公司融资是因为它需要充沛的资金来保持自己的发展速度和领先优势，资金可以转换为更多的人才、大量的服务器和带宽、大规模的营销。如果资金能够帮助创业者保持或提升奔跑速度，一路跑到被收购或 IPO（Initial Public Offerings，首次公开募股，也就是上市），中间过程中所有的投资者都能获得高额的回报（投资者把这个叫做退出）。为什么天使投资者和风险投资对小生意兴趣不大呢？因为投资者需要在 5 年左右成功地把手里的股份以 10 倍以上的价钱卖掉，被投资的项目要有很大的增值空间而不是在一个低水平上稳定盈利。

不是任何一款互联网产品或者任何一家互联网公司都能提供这么大的增值空间的。一位曾经拿过天使投资的创业者是这样描述自己公司的："我们是一家有盈利并且日子过得很舒服的小公司，但是如果现在风投给我 1000 万美元的投资，我不知道怎么花，我们还没有找准一个能够'缺钱'的方向，一个只要钱砸进去用户就能呈几何级数增长的方向。"

如果不在乎能做到多大用户规模和收入规模，只是简单想把一些需求解决好，其实不用花心思研究融资知识，自己启动产品，逐步把用户服务好，也是一条路线。糗事百科最早只是一款练练手的兴趣产品，2005 年 8 月 31 日发布，截至到 2013 年 4 月没有任何融资，也发展出来了每日 450 万活跃用户。

如果是在公司内部向老板要求投资，老板考虑的并不完全是投资回报率的问题。除了看一款产品能不能做大，老板还会关心自己的公司在整个市场中的产品线布局，如何更好地满足用户需求，如何回报社会等问题。在一家具有一定规模的公司中，通常是愿意给各种不同类型的产品提供机会的，前提是它们能够契合老板的某个关注点。向老板进行产品建议的时候，首先要符合公司的发展目标和资源优势。在腾讯还没有稳定的现金流时，移动 QQ 是救命的产品；当腾讯已经有了移动 QQ 和会员等业务之后，QQ 秀可以让公司的收入模式更加多样化，除了获得额外的收入，还能分散风险；当博客风生水起的时候，盈利模式清晰的 Minihompy 模式（源自韩国的 Cyworld）更符合公司发展的目标，也更能充分利用公司的 QQ 平台和收费渠道等资源。

Twitter 的联合创始人 Evan Williams 和 Biz Stone 在创办 Twitter 之前，曾经创建过著名的博客平台 Blogger，将 Blogger 卖给 Google 之后，他们又创建了一个不太成功的播客平台 Odeo。

Twitter 这个产品是他们的一名员工 Jack Dorsey 提议的。Dorsey 认为使用短信的方式很适合发表个人状态信息，这个产品与 Twitter 公司之前的内容发布理念一脉相承，得到了 Biz Stone 的认可，两个人用了两周时间开发出了产品的原型，最终又得到了 Williams 的认可，从而有了今天大红大紫的 Twitter。

如果你所在的公司产品线很长，那么增加新的产品就会越来越困难，因为已经没有多少空白可以去填补。这个时候，清晰地了解公司的业务布局就显得非常重要，如果要建立独立的产品，它一定要处于业务布局中的空白地带，而不是某个现有产品增加一项新功能就可以代替的。很有可能，你会面临这样一个处境，找到了空白，但是这个产品却不是自己最想做的。要不要去做这个产品需要你自己判断，但是，从你决定要做这个产品那一刻开始，希望你彻底抛弃不情愿的态度，只有全身心地投入到产品中，才能将产品做好。

是否找到了有效的突破口，突破之后如何建立壁垒？

在 0.2.2 节，我们提到过关键任务，关键任务清单的头部必须是突破口。每个产品概念都可以扩展出很大的深度和广度，但产品推出市场后必须要脱颖而出，竖起起鲜明的定位，把握住一定规模的用户，才有可能谈深度和广度。

> 2010 年 10 月，一直在关注移动互联网的 QQ 邮箱负责人张小龙感觉到 Kik Messenger 所代表的产品概念有巨大的前景，他写信给腾讯高层讲述了自己的见解，并且提到这类产品有可能对 QQ 都是极大的冲击。Pony 很快回复邮件认同了张小龙的看法。
>
> 其他公司也注意到了这个产品机会，互动科技于 2010 年 11 月 7 日推出"个信"，小米科技于 2011 年 1 月 17 日推出了"米聊"。2011 年 1 月 21 日，张小龙团队研发的微信推出，时间上已经慢了半拍。2011 年 5 月 10 日，微信发布了 2.0 版本，新增了语音对讲功能，这个创意来自于香港绿番茄公司在 2011 年 1 月推出的 Talkbox，虽然微信在对讲机特性上有微创新，从整个产品来说还是在努力追赶竞争对手的脚步。
>
> 真正的突破口出现在 2011 年 8 月 3 日推出的微信 2.5 版本中，"附近的人"将基于位置的交友引入了微信，让微信从熟人沟通扩展到了陌

生交流。这个功能也有更早的产品实现，2011 年 2 月，一款女同性恋社交应用 el 就已经推出了按距离将陌生人排序功能。不管有没有直接的借鉴，"附近的人"推出后，微信的用户规模和人均好友数第一次出现了爆发式的增长，与竞争对手拉开了明显的差距。2012 年 9 月 17 日，微信用户数突破 2 亿。

似乎有很多人觉得，把竞争对手的功能照搬过来，再借助腾讯的多个平台后发先至，微信就成了。如果这样就可以超越竞争对手，为什么 QQ 旋风没有战胜迅雷，电脑管家没有战胜 360 安全卫士，一个明显的差别是微信找到了突破口而另两款产品没有。

突破口的作用是让用户觉得产品有用，壁垒的作用是让这种有用变得难以复制。App Store 里的大量应用，淘宝卖家服务市场里的大量应用，微信中沉淀的关系链，都是非常高的壁垒，竞争对手们很难靠复制一些功能来获得这些特殊的资源。Talkbox 则是一个反面案例，突破口很好，但没有快速建立起来壁垒，不被微信打败也会被其他沟通产品打败。

团队能力与产品概念是否匹配？

这个问题可以分解为两步：首先是产品负责人的个人能力与产品概念是否匹配，其次是产品负责人能否组建一只理解产品、热爱产品、符合产品能力要求的团队。

分析具体的人和具体的产品概念之间的匹配度是非常复杂、非常有针对性的，这里我们只讨论一些基础的能力或修养：

- 诚实；
- 有所长有所短；
- 不会去浪费时间重新发明轮子；
- 能够在行进中不断开火，而不是纸上谈兵；
- 毫无怨言地主动填充团队中空白的角色；
- 愿意倾听用户的意见和其他人善意的建议；
- 能够团结和引领团队。

投资者希望你对他们诚实，而不是骗走他们口袋里的钱。你是否对自己的同事，对自己的用户诚实？可以想想看，有哪款产品是靠欺骗用户越做越大，屹立不倒的？

每个人的时间和精力都是有限的，我们见过菲尔普斯一次奥运会夺得 8 枚游泳金牌，但是我们没见过哪个运动员在奥运会上同时拿走体操、举重 2 枚金牌。有意思的是，这种情况在简历上却经常发生，比如这份简历："资深产品经理，精通产品设计、运营，有丰富的营销推广经验；精通 HTML、Flash、Java；精通 SQL。"有两个原因可以写出这样的简历：一是这个人不诚实，他明明知道自己并不精通，却故意号称精通；二是这个人并不了解行业水平，真的以为自己很精通，这两个原因都很可怕。对于一个号称精通产品设计又精通 Flash 的人，可以问他 ActionScript 和 JavaScript 相比有哪些异同，10 个有 9 个都会沉默。一个有特长的产品经理，是勇于承认自己不懂 Flash、SQL 的。

当我还是一名新晋产品经理的时候，一位同事对我提建议说："你花了太多时间在思考上面，导致产品的一些决策太慢，其实想不清楚的时候可以先摸索一下。"我非常感谢这位同事，我们的确不应该将"还没想清楚"、"如果发布之后再调整对用户伤害太大"等借口挂在嘴边，事情是做出来的，不是想出来的，投资者和用户的耐心都是有限的。通过一些技巧，例如用户研究和灰度发布（在不中断服务的情况下向部分用户发布新功能），可以最大限度地降低"行进中开火"的负面效应。网站开发框架 Django 宣称自己是"帮助完美主义者战胜限期的网站开发框架"（the Web framework for perfectionists with deadlines），看来完美主义和限期并不矛盾，关键是要找到合适的方法和工具。

在产品的研发过程中，大方向通常不会有问题，"想不清楚"的往往是一些细节问题，比如是否允许用户申请自定义域名，某一点的交互设计用户能否理解和接受，等等。使用焦点小组（focus group）的方法可以对用户进行概念测试，从而在产品设计阶段达到验证团队想法的目的。

焦点小组就是一种邀请大约 6 ～ 9 个具有代表性的用户对某一主题或观念进行深入讨论的方法，如图 2-3-2 所示。群体动力学指出，只要有别人在场，一个人的思想行为就同他单独一个人时有所不同，会受到其他人的影响。6 ～ 9 个用户所呈现的一些结果是具有普遍性的，并非个人看法。焦点小组实施之前，通常需要列出一张清单，包括要讨论的问题及各类定性数据的收集目标。在实施过程中需要一名专业的主持人，主持人要在不限制用户自由发表观点和评论的前提下，保持谈论的内容不偏离主题。同时，主持人还要让每位参加者都能积极地参与，避免部分积极用户主导讨论，部分消极用户沉默不语。

⬥ 图 2-3-2　焦点小组对主题或观念的讨论

关于焦点小组我学到的第一课是，**用户的历史行为比他们当前的意愿更有价值**。比如用户可能会说他想要羊肉串口味的牙膏，但是当你真的给他这样一款产品，他却不愿意买单了。用户的历史行为，特别是消费行为，是真实发生过的，更能代表他们的真实意愿。

对于不确定的交互设计，**可用性测试**（usability testing）是将其确定下来的非常有效的方法。可用性测试是指在产品设计过程中被用来改善易用性的一系列方法，它包含 3 个主要步骤。

(1) 寻找一些有代表性的、符合产品潜在用户条件的用户。如果目标用户是儿童，那就不要找老奶奶过来测试。测试的人数不用太多，当一款产品的用户群特征非常相近的时候，比如目标用户是高中教师，测试 5 个代表性用户就足够了。当一款产品的用户很多，形成了多个差异化非常大的用户群时，每类人群测试 3 个用户就足够了，人机交互博士 Jakob Nielsen 提出的可用性问题发现率曲线给出了这个数字，参见图 2-3-3。

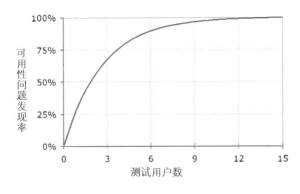

▶ 图 2-3-3　可用性问题发现率曲线（摘自 http://www.useit.com/alertbox/20000319.html）

(2) 请这些具有代表性的用户在产品或产品原型（可以是画在纸上的原型，也可以是可运行的原型）上完成一些任务。比如你的产品可以满足用户发帖交流的需求，那么分配给测试用户的任务可以是发表一个帖子，然后找到一个感兴趣的帖子进行回复。

(3) 使用体验观察室（如图 2-3-4 所示）观察他们的操作，他们在哪里成功了，在哪里卡住了，不要发言，倾听他们的意见。在真正的使用场景中，产品经理不可能站在每个用户的身边手把手教用户去用，在进行可用性测试的时候就是在模拟真实场景，千万不要提供场外信息，用户通过产品可以获得的信息就是全部信息。如果用户在一个界面中找不到下一步按钮，答案就是按钮不够醒目。在这个步骤中请注意，可用性测试的目的是发现这类问题从而对产品进行改进，而不是教会参加测试的用户如何使用产品。

▶ 图 2-3-4　单面镜＋电脑＋摄像头＋软件（如 Morac）＝观察室（预算有限的话，可以省略单面镜）

体验观察室非常有效，最好邀请研发和测试的同事一起进入观察室看"直播"，当大家看到用户不停地皱眉头，或者无法完成任务表现出愤怒的神情，团队沟通中的内耗会瞬间消失。确定一个新的方案，改，然后再观察，直到用户能够轻松愉悦地使用产品。

如果你的产品已经发布了，有成百上千或者成千上万的用户同时在线，当你想要对产品进行调整的时候，如此大量的在线用户会给你带来无形的压力——在焦点小组或头脑风暴中得出的结论真的能让这么多用户满意吗？这个时候我们可以用 A/B 测试的方法进行更大规模的测试：通过一些设置，将来访用户分流到 A、B 两个测试环境，版本 A 维持现有的方案不变，版本 B 是我们做过一些调整后的方案（根据情况，我们还可以增加更多的测试方案），然后分析哪个方案更易于实现预定目标（吸引用户提交了一个表单或者点击了某个链接，或者其他的互动形式）。测试数据可以帮助我们确定哪个方案更优，来自 Google 的 Sandra Cheng 分享了她的测试案例。

网站实验的结果经常出人意料。比如，我们曾用网站优化工具对 Picasa 首页进行过一次实验，结果就让我们大吃一惊。在版本 A 里，我们使用了"免费"这个词，采用了以行动为导向的标题，并且放上了非常漂亮的产品图片，参见图 2-3-5。在版本 B 里，我们删除了图片，用按钮取代了链接，以这款产品能给用户带来的价值为主打理念，参见图 2-3-6。如果换作是你，你认为哪种版本能带来更多的 Picasa 下载呢？

⊛ 图 2-3-5　对 Picasa 首页进行的 A/B 测试中的版本 A

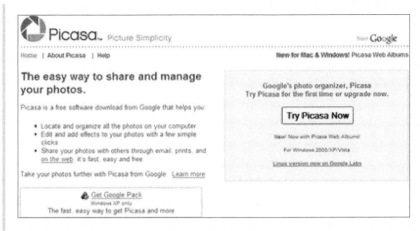

⊛ 图 2-3-6　对 Picasa 首页进行的 A/B 测试中的版本 B

我们起初认为版本 A 肯定会更胜一筹，因为版本 A 的图片很吸引眼球，并且免费的字眼应该看上去很有吸引力。然而实际上，界面更简明的版本 B 比版本 A 多带来 30% 的下载量！这个例子表明：在网站作出重要决策的时候，有时是需要依赖于数据的，不能凭想当然。

———————————

Sandra Cheng，网站优化工具产品经理，http://googlechinablog.com/2009/04/blog-post_30.html

Google 提供了一个非常棒的网站优化工具可以帮助产品经理进行 A/B 测试，如图 2-3-7 所示，http://www.google.cn/websiteoptimizer。

⊛ 图 2-3-7　Google 提供的网站优化工具

A/B 测试并不是只有大公司才可以做，为了测试用户对不同图标的理解，糗事百科曾经在同一时间测试四组图标（见图 2-3-8），比较不同图标的投票数据。

就我个人的经验而言，"行进中开火"是可以通过练习成为习惯的，当我了解了它的好处并且知道了一些低风险尝试的方法之后，我就从内心接受了它。"想"是不够的，一定要动手去做，产品都是在做的过程中逐步被完善的，我们需要在能开始测试的时候就尽快开始测试。

Q 吧是一个允许用户自建 BBS 的产品，用户无需自己的域名、服务器即可轻松创建一个属于自己的 BBS，这个产品形态在韩国叫 Cafe（意指咖啡馆、家和公司之外的第三空间），在国内西祠胡同是差不多的类型。Q 吧产品的目标是实现韩国 Cafe 的清新格调，同时又适应国内 BBS 用户的使用习惯，与国内的竞争对手形成差异。

将两种不同的风格混血，是个挺有挑战的工作，大老板们也很难决断说我们实现的体验到底能不能发布。如果产品一直不能发布，对团队士气影响较大，而且闭门造车没法保证最终能造出来一个用户接受的车。在这个混沌的局面下，我想到了网络游戏内测、公测的做法，建立了几个由官方人员创建运行的测试 Q 吧，小范围地邀请了一些外部用户来使用。

利用这个方法，我们收集到了充分的用户反馈，完善了浏览者的体验和 Q 吧创建者、管理员的管理工具，同时有效避免了大面积的负面口碑。经过几次迭代，我们的产品体验和用户对产品的反馈终于得到了老板的认可，产品进入了正式运营阶段。

产品经理可以有自己的主张，可以非常坚持，但是不可以只活在自己的世界里不在乎用户的声音和身边的建议。产品是以实现用户价值为核心概念的，产品经理自然要倾听用户的声音，确认是否实现了用户价值。对于身边的建议，也要注意学习和吸收，不要切断产品和自己的上升阶梯。如果能够做到上述这些，产品经理差不多也就具备了最后一条"团结和引领团队"的能力。

回想一个自己的陷入"想不清楚"状态的案例，再回想一个自己的"行进中开火"案例，不限于工作场景或生活、学习场景。试着找出阻碍自己"行进中开火"的原因。

单打独斗做出一款神级产品的例子不是没有，比如休闲游戏 Tiny Wings，来自德国的 Andreas Illiger 一个人包办了产品设计、程序开发、视觉设计、音乐音效等全部工作，并且登顶 App Store 游戏榜首。更早一些的洞窟物语，由来自日本的单人工作室 Studio Pixel 历时五年完成。这两个例子都是游戏产品，产品的复杂度是开发者自己可以把控的，大型互联网产品的复杂度是由用户规模和用户需求的多样性决定的，和游戏或工具有本质的区别。

很多产品经理抱怨，为什么研发人员不接我的需求？研发人员还真没有义务无条件接需求，如果你不能打动别人，你得先从自己身上找原因。如果光有产品概念并不能得到潜在伙伴和投资者的认可，那就把它变成图纸；如果图纸还不行，那就想办法把它做出来，发布一个最小化可行产品。事实远远胜于雄辩，我们来看看 Google AdSense 是怎么诞生的。

Paul Buchheit（Google 的 23 号员工，Gmail 的创建者）：那个主意我们之前谈论很久了，还是有人认为这东西没用。但这似乎应该是个有意思的问题，所以某个晚上我实现了网页内容定位的网络广告系统，当时 只是作为非正式项目，而不是我的任务。后来再看，这东西的确可行。

Livingston：就是现在的 Google AdSense ？

Paul Buchheit：是同一个想法。我写的是用于介绍的原型，但它改变了人们的想法，因为它证明这想法是可行的，而且这工作并不太困难，因为我只用了不到一天的时间。之后其他人接手了那些苦活，把它做成了一个真正的产品。

摘自 Jessica Livingston 的 *Founders at Work: Stories of Startups Early Days*，由 Apress 出版社出版

0.2.4　把概念变成图纸

公司会将产品研发过程放到一个项目中进行管理。项目管理是为完成某一既定目标所进行的一次性努力，产品研发项目就是要在指定的时间段和预算内达到产品成功发布的目标所进行的项目。要推算一个概念变成真正的产品需要多少时间和预算，首先要把这个概念落实为图纸，然后邀请相关领域的专业人士（主要是研发经理和项目经理）根据图纸中的细节一起进行时间和预算上的评估。项日正式启动之后，图纸就变成了所有项目成员的施工指导和沟通基础，对项目的目标起着决定性的引导作用。

图纸是什么样子呢？以网站产品为例，我们可以使用网站结构图（website architecture map）、网页线框图（wireframe 或者 mock-up，通常简称为线框图，有时被称为交互稿）和网页描述表（page description diagram）这三类图纸。一些公司中可能有比较固定的功能规格说明书（functional specification）格式，如果公司内部有自己的要求，请以公司要求为准。

网站结构图描述了整个网站的结构，确定了网站的模块划分及网页个数。（很多时候也会通过它来确定各个网页的 URL 规则和 Title 规则。）你可以用很多种方式来描述网站结构，比如按功能模块划分的方式（如图 2-4-1 所示，使用 MindManager 或者 mindmeister.com 就可以生成这类思维导图）或者用户角色划分的方式（如图 2-4-2 所示）。

在描述网站结构的时候需要注意 MECE 原则。MECE（读做 me-see）是 Mutually Exclusive Collectively Exhaustive 的缩写，它是麦肯锡提出的一种整理思路的方法，中文含义是"相互独立，完全穷尽"。繁杂的信息经过 MECE 原则整理之后，呈现出分类清晰并且穷尽的结果，可以降低理解门槛。

◑ 图 2-4-1 功能模块划分的思维导图

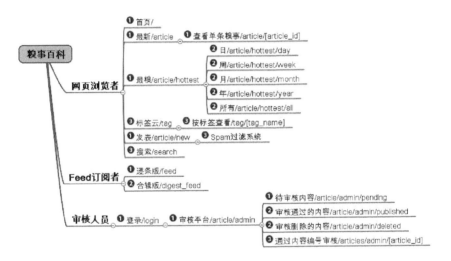

◐ 图 2-4-2 用户角色划分的思维导图

从用户角色来看，只有三类人使用网站——网页浏览者、Feed 订阅者和审核人员，这样分类符合穷尽的原则。网页浏览者和 Feed 订阅者之间并不是完全独立的关系，进一步归纳可以将二者统称为浏览者，浏览者与审核人员就是完全独立的关系了。所以，严格符合 MECE 原则的用户角色分类应该是审核人员和浏览者，其中浏览者包括网页浏览者和 Feed 订阅者。更严格地来说，还有一类特殊的浏览者是机器爬虫（Bot），有时候需要对它们进行特殊处理以防止暴力爬虫让网站过载，不过在一开始规划的时候，可以略过这个细节。

图 2-4-2 中标注了各个网页的 URL 和优先级，优先级可以将项目进一步细分为几个阶段：phase1、phase2、phase3（图中用 ❶、❷、❸ 表示），这对网站开发非常有帮助，可以让项目组成员知道，完成了 phase1 网站就基本可用了。

如果你所在的团队采用敏捷开发的方式工作，那么可能会需要你把项目的颗粒度分得更细一些，以便每天都能把已经完成的工作叠加到可运行的网站上。细小的颗粒度可以让团队和用户更快地看到结果，提升大家的信心，也能提高工作效率。如果颗粒度很大，往往会出现如图 2-4-3 所示这种情况。

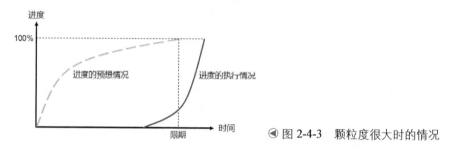

◀ 图 2-4-3　颗粒度很大时的情况

美国芝加哥德保尔大学心理系副教授费拉里 1996 年发布的调查结果显示，有 70% 的大学生存在学业拖延的状况，正常成年人中也有多达 20% 的人出现日常拖延行为。导致拖延的原因并不是懒惰，个人生产力专家 David Allen 曾总结过工作生活中引起拖延的两种情形：一种是很多烦人的小任务，比如收拾一个乱七八糟的房间，它们会中断生活，但影响不大；另一种则属于超出能力的控制范围，甚至可能让人害怕，或对当事人生活影响非常大的任务——两种情形都和焦虑有关。所以，消灭拖延提升效率的方法，就是把任务分解为连续的、在能力范围之内的小任务。产品经理需要与研发团队确认每一个阶段中所包含的子任务是否足够小，是否过于困难。

有人和我说，网站结构图只能用在简单的站点上，描述不了复杂的网站。我完全不同意这种说法。如果这个网站能被开发出来，那就说明它是由有限的规则生成的，将这种规则描述出来就是网站结构图。问题不是它能不能被描述出来，而是用什么方法可以理清所有的规则，并且可以让产品团队的其他成员所理解。

Foxmail 创始人、QQ 邮箱和微信负责人张小龙建议："在分析网站结构的时候，也可以使用面向对象的思想。"在软件工程中，当程序变得很复杂的时候，有一种"面向对象分析与设计"的方法可以帮助程序员理清头绪。面向对象的思想来源于真实世界。真实世界中有不计其数的事物，人类为了能够更方便地管理和使用它们，刻意地把它们封装成一个个黑盒子，只保留一些可以安全使用它们的方法。比如手机，由很多部件构成，最终所有部件被封装成了一个操作界面，用户通过拨号的方法来实现通话，而不需要理解手机内部是什么样子。蓝牙手机可以和一些蓝牙设备通信，这些通信也是通过一些预先设定的方法来实现的，以确保手机被安全地访问。

分析网站结构的时候，把网站中的一些基础事务抽象成对象，只提供一些访问它们的方法，可以帮助我们达到 MECE。糗事百科中，糗事可以抽象为对象，操作这个对象的方法有列出最新糗事、列出最糗糗事、查看某条糗事、通过 Tag 列出糗事、用 RSS 格式列出最新糗事、发表糗事、审核糗事等。另外一个重要的对象是审核人员，操作这个对象的方法是创建、删除、列出审核人员（在前面的网站结构图中并没有体现这些操作方法，是因为这些方法使用率比较低，可以通过直接操作数据库实现，暂时不需要封装出网页界面）。登录状态（session）也是一个对象，当用户登录的时候，它才被创建出来，所以操作登录状态的方法是登录（创建）、退出（删除）。如果你面对的网站很复杂，那么深入了解面向对象的思想，可以提升你的抽象能力和分类能力，用这种方法描绘出来的网站结构图也更容易被开发团队所理解。

在听到张小龙的建议之后，我曾经试验过用面向对象的思想做产品规划，在试验的过程中我发现这样做有一个额外的好处——更容易达到用户任务的闭环。用户任务的闭环是指一系列帮助用户完成任务的环节，这些环节可以应对任务可能出现的各种情况。比如用户要买书，书是任务的对象，任务的目标是将书送到用户手中。首先我们会想到关于书这个对象的基本方法 CRUD：创建（Create）、检索（Retrieve）、更新（Update）、删除（Delete），其中创建、更新、删除都是网站管理员需要进行的操作。对用户来说，操作书的方法有检索、购买（创建订单，进入订单任务），再想想，用户可能想要收藏一本书，读过书之后可能还要发表评论，那么还要增加收藏、评论的方法，这样罗列下去，很快就能穷尽操作书的方法了。

当我们搞清楚了用户任务的闭环之后（当然，你可以用面向对象之外的方法来达到这个目标），需要去判断每个环节的背后是否都有用户真实的需求，从而验证任务中的环节是否都是合理的、必要的。以开心农场为例，用户可以对好友的菜地进行浇水的操作，帮助好友种菜是用户任务的一环，用户有什么动力这样做呢？友情帮助朋友，促进现实生活中的友情，似乎有点动力不足。如何鼓励用户间的互助呢？开心农场将这种帮助融入了用户的等级，帮助好友越多，等级提升越快，等级可以为用户带来更多的虚拟土地从而提升虚拟财富的积累速度，而虚拟财富正是用户最关心的游戏元素。

如果在产品设计中丢失了一些环节，到了产品发布之后才发现，那将会相当地被动。如果在产品设计中多出一些环节，则会造成研发资源的浪费，甚至会让用户迷惑。我遇到过这样一个例子，在一个网站快要开发结束的时候，产品经理很高兴地对我说："Hi，我昨天塞进去一个音乐播放器！"因为在正式的产品需求之外实现了一个功能，他显得特别喜悦。产品上线之后，用户并不在乎音乐播放这个功能，而且由于这个功能完成得过于匆忙，缺乏周密的交互设计，用户很难添加自己想要播放的音乐，结果导致了不少抱怨，最后只好把它撤了下来。

在考虑一个功能或者网页的时候，产品经理需要认真评估它是否真的必要，是否符合产品当前所处的阶段，以及实现它到底需要多大的成本。要实现任何一个功能都会包括两块成本：一块是研发相关成本，这是绕不过去的，要把它实现出来就要投入相应的研发资源；另外一块是非研发相关成本，这部分成本往往会被忽视。如何推广这个功能，如何教育用户使用它，是否需要人工对它所带来的内容进行审核过滤，等等，这些都是非研发相关成本，是如何让用户使用它并喜欢它的成本，产品经理很多判断上的失误正是由于忽视了这一块成本。解决这个问题其实很简单，在考虑成本的时候，想着研发相关成本占 20%，其余的 80% 都是非研发相关就好了。剩下的问题是，确认这 80% 的非研发成本都在哪里。

墨菲定律网站版

- ▶ 凡是输入框，都会遭遇灌水、SPAM、脚本注入。
- ▶ 凡是积分，都会被刷。
- ▶ 凡是推到网站首页的内容，都会出现色情、政治。
- ▶ 凡是用户间沟通的渠道，都会被广告机器人利用。

周作人曾经这样评价自己的为人和文章："少年爱绮丽，壮年爱豪放，中年爱简炼，老年爱淡远。"产品经理在自己的职业生涯中，通常也会经历类似的几个阶段。新晋产品经理可能酷爱花哨的功能和体验；有了一定经验之后就不再满足于这些细节，开始粗放地添加功能模块；在经过一系列挫折之后，终于明白了做好核心功能的重要性；最后，达到了一定的境界，开始考虑"Don't be evil"、"通过互联网服务提升人类生活品质"之类的命题。作为一名产品经理，应当积极地想方设法缩短这个过程，尽快把注意力从花哨的细节转移到产品的核心概念上，我建议你把产品的核心概念打印出来贴在自己每天都能看得到的地方，不断提醒自己应该专注于什么。

明确了网站的结构之后，就要开始细化每个页面了，这里我们要使用线框图（如图 2-4-4 所示）。

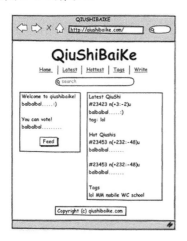

◀ 图 2-4-4　糗事百科早期的线框图

线框图描述了一个网页中所需要包含的基础元素及其在这个页面中的布局，它会由图形界面设计师最终完善成美观的网页设计图。你可以使用 Axure、Visio、Word、Fireworks、Photoshop 等工具制作线框图，图 2-4-4 是用 balsamiq.com 制作出来的，最终效果很有"草稿"的感觉，这种粗糙的风格可以留给图形界面设计师更大的发挥空间。《理解漫画》中有这样一个观点："图片越抽象，读者理解起来就有越大的发挥空间。"

> 如果你想造一艘船，不要抓一批人来搜集材料，不要指挥他们做这个做那个，你只要教他们如何渴望浩瀚的大海就行了。
>
> ——圣埃克絮佩里，《小王子》作者

在使用电脑软件工具之前，我建议先从铅笔和纸开始线框图的设计，或者用白板和照相机（如果有那种可以直接打印的白板更好），以避免想象力被工具所限制。Twitter 也是从一张纸上诞生的，图 2-4-5 就是 Jack Dorsey 画的 Twitter 线框图。在讨论线框图的时候，可以将它们打印出来，按照浏览顺序贴在白板上，这样就可以开始网站的第一轮测试了。

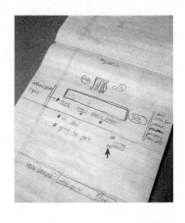

◀ 图 2-4-5　Twitter 的线框图（摘自 http://www.flickr.com/photos/）

有些网页在不同场景中会有不同的表现，比如 C2C 网站中的商品展示页，浏览的时候、买下之后、下架之后，都有一定的差别，买家浏览的时候和卖家浏览的时候也有差别，这时候你可以通过场景表格帮助自己穷尽所有的场景，然后为每个场景制作线框图，例如表 2-4-1。

表 2-4-1　商品展示页的所有场景

商品状态	卖　　家	买　　家
上架中	商品展示 + 管理入口	商品展示 + 购买入口
购买中	商品展示 + 管理入口	商品展示 + 操作入口
下架后	下架提示 + 管理入口	下架提示

好了，我们已经有了网站结构图和线框图，对于一个网页还能展现多个场景，还不够吗？网页描述表是干嘛用的？网页描述表只包含一个网页中所需要展示的元素及其背后的逻辑，并不包含这些元素在页面中的布局。它有两个作用：一是可以将产品经理的工作与交互设计师的工作区分开，产品经理关注要向用户传递什么信息，交互设计师关注如何更好地将信息传递给用户；二是可以向研发团队说明信息背后的逻辑，方便他们的实现。

下面是网页描述表的一个范例。

糗事百科首页描述表

URL：http://www.qiushibaike.com/

Title：糗事百科——这个星球上最暴笑的糗事分享网站

86

(1) 网站 LOGO

便于识别和记忆的糗事百科 LOGO。

(2) 导航

导航栏目包括：＜首页＞、＜最新＞、＜最糗＞、＜标签＞、＜发表＞。

当用户跳转到某个功能之后，当前导航链接会有高亮效果。

(3) 搜索

一个内容搜索条。

(4) 网站介绍文字

一块向用户介绍糗事百科的文字，内容如图 2-4-6 所示。

欢迎访问糗事百科！

糗事百科是这个星球上最最最糗的糗事分享网站，您在这里可以查看世界各地形形色色的糗事，您可以<u>点击这里</u>收藏糗事百科。

您可以左右排名！

每件糗事都有"👍"和"👎"链接，通过点击链接，您可以影响一件糗事的排名。

每个人都有糗事！

<u>点击这里</u>马上提交您自己的或者您听到见到的糗事，千万不要把糗事憋在心里，这对您的健康非常不利！

◉ 图 2-4-6　糗事百科的介绍文字

(5) Feed

提供＜逐条版＞和＜合辑版＞两个 Feed 地址。

(6) 最近 24 小时内排名最高的 3 条糗事

按照（正分＋负分）递序排列，并提供到＜最糗＞的链接。

(7) 随机的最新糗事

随机选取最近 48 小时内发表的某条糗事，要求与第 (6) 条中的糗事不重复，并提供到＜最新＞的链接。

(8) 标签云

列出最热门的 30 个标签，并提供到＜标签＞的链接。

(9) 版权信息和状态信息

©2005-2009 糗事百科

粤 ICP 备 06016660 号

目前。共有 29606 件糗事，6 件等待审核。

如果你的项目团队中有专职的交互设计师，那么线框图一般是由交互设计师和你共同完成的，在这种情况下，如果你在完成了线框图的草稿之后再与交互设计师沟通，可能会限制交互设计师的发挥，或者会导致他偷懒。网页描述表是解决这个问题的桥梁，产品经理的工作与交互设计师的工作可以通过它无缝衔接而又不会互相侵犯，甚至还存在有一定的灵活区间——产品经理可以在网页描述表中设计一些元素的细节布局，也可以请交互设计师全权负责。

研发人员只有在看到线框图中各元素的具体描述之后才能评估研发工作量，所以把网页描述表附在相应的线框图后面，才能形成一个网页的完整描述。一些跨网页的逻辑和规则，可以单独创建逻辑规则表描述，然后链接到网页描述表中。

在工作过程中，我发现还有一些需求很难包含在网站结构图、线框图和网页描述表里。例如解决网通 / 电信跨网访问的问题，要求所有网页打开时间不超过 10 秒，要求能够兼容 Firefox/Safari 等浏览器而不仅仅是 IE，等等。与研发团队沟通之后，我们将这类需求定义为非功能需求，我们可以将这类需求整理分类，作为整体需求的一部分一起提交给研发团队。

制作微信朋友圈的线框图和网页描述表。

我们在前面所看到的网站结构图、线框图和网页描述表通称为产品设计文档。产品设计文档是伴随产品整个生命周期的连接概念与执行的重要工具，它帮助产品团队与研发团队和高层领导达成共识，进而明确研发计划并指导研发过程。

如果把产品设计文档看作是一款产品，它的目标用户都是谁？首先是产品团队，一份产品设计文档在走出产品部门之前，必须在产品部门内部达成共识；然后是研发团队，由他们确认其可执行性和研发成本；接下来，它会和研发部门给出的评估意见合并在一起提交给公司高层领导，领导确认项目周期，拍板给资源（资金、人力等）；项目启动之后，产品设计文档会回到研发团队指导具体的研发工作，同时也会进入测试团队，帮助测试团队制定测试计划；有时候，公司外部的合作伙伴也需要查看产品设计文档，以便完成一些合作项目。

在产品设计文档的这些用户当中，研发团队是最重要的用户，他们是决定产品如何做出来的关键角色。你也许会问，公司高层领导最关键，是他们拍板决定产品能不能做。没错，对于你想要做的产品来说，领导是掌握生杀大权的角色，但是绝大部分领导都不会去看几十页、几百页的产品设计文档，在 0.2.3 节中我们已经讲过，PPT 和 Keynote 才是应对领导最有效的文档。

研发团队喜欢什么样的产品设计文档？

"就给我一些简短、目标明确、最新的东西。"

"短而精确，容易找到编码位置。"

"我就要一个做事的列表。"

产品经理应该经常询问研发团队关于产品设计文档的意见，因为产品文档最主要的用户是他们，如果他们明确地表示出要这个或者不要那个，那就照他们说的做！不出意外的话，研发团队的意见会包括以下几条。

▶ 保持简短

Ruby 语言的发明人 Matz 说："代码越少，bug 就会越少。"文档也是一样，越简短，包含的错误就越少，同时也更容易阅读，更容易更新，更可能带来简洁的设计，总之，保持简短的好处太多了。对于产品团队来说，简短的文档更容易撰写，所以这一条原则并不是负担。

保持简短的一个重要技巧是将需求与需求之外的其他东西分开，保持需求的简短，把需求之外的东西放到附录、图表或 FAQ 中。为什么不把需求之外的附加信息直接省略掉？当一个项目进行了很久之后，整个团队中可能没人再记得某个需求是如何确定的，这个时候附加信息就能帮助团队找回当初的背景。

不完全是需求的需求

玩家不可把道具放到地上。这样可以有效降低画面的混乱程度并确保玩家不会被放置在地面上的数百个道具穿透。

简短之后的需求

玩家不可把道具放到地上。

FAQ：为什么玩家不能将道具放到地上？

这样可以有效降低画面的混乱程度，并确保玩家不会被放置在地面上的数百个道具穿透。

▶ 消灭错误

错误的文档会浪费研发团队大量的时间，这是他们最痛恨的事情之一，文档中的错误会导致产品团队在研发团队面前抬不起头来。当然，也不用太想不开，毕竟没有错误的文档和没有错误的代码一样，都是不存在的，尽可能地消灭错误就好了。

错误有很多种，有产品逻辑层面的错误，有多个需求相互矛盾的错误，还有错别字层面的低级错误。在撰写需求文档的时候，产品团队应对产品逻辑进行充分的讨论和测试，可能的话，最好邀请一些专家和用户参与测试——这个世界上几乎不存在写好了就能立即指挥实战的文档。避免使用"复制粘贴"在文档中不同的位置说明同一个事情，复制是魔鬼，会埋下更新不同步的祸根，对于这种情况要改用链接的方式确保一个事情只有一份说明，避免相互矛盾的错误出现。不经意的小错有时候也会酿成大错（比如小数点的位置偏移了一位），产品人员之间相互校验一下会很有帮助。

我推荐使用 Wiki 而不是 Word 来写文档，因为通过 Wiki 化（Wiki 中自动创建超链接和目标页的特性）可以有效地避免重复，并且便于搜索。此外，Wiki 还提供了自动的版本追踪功能，很容易回溯到过去的版本。

▶ 别对他人（主要是研发人员）的工作指手画脚

"在文章通过审核后，将其存入数据库的一个新表中，连续存放，以优化查询效率。"别提这种需求，你很可能在一些细节上犯错。己所不欲，勿施于人，别人在你的领域里指手画脚你也会觉得很烦。

如果你碰巧是一名真正的技术专家，私下与研发团队沟通就好了，别把应该写在技术设计文档中的内容写在产品设计文档中。

▶ 用适当的表述方式展现需求

如果用叙述性文字说不清楚，而用表格比较容易说清楚，那就用表格。例如我们前面用到的表 2-4-1。

选取适当的方式展现特定的信息，是产品经理的一项重要技能，面对研发团队的时候要用到，面对最终用户的时候也要用到。不管是开发产品设计文档，还是产品本身，都要做到使信息能够快速有效地被受众理解。

▶ 使用肯定的语言

使用肯定的、确切的语言，不要出现"也许"、"可能"这类词语。产品设计文档是最终提交给研发团队的文档，含糊不清的东西应该已经全部被消灭了，最终提交的内容都是确切的、可以被执行的。

"用户在发帖的时候也许需要输入验证码。"这是一个含糊的需求，一个肯定的需求应该是："当用户的社区积分小于 20 的时候，发帖表单中显示验证码及其输入框；当用户的社区积分大于等于 20 的时候，发帖表单中不显示验证码及其输入框。"如果真的遇到一些吃不准的东西，那就把它们放到内部论坛之类的地方讨论孵化一下，明确之后再增加到后续版本中。

需要强调的一点是，产品设计文档是产品经理开展工作的必要手段，可以帮助产品团队归档所有的思路和细节，以减少后续工作中的重复沟通。但是，千万不要过于关注文档而忽视了沟通。很多产品新人会在产品经理讨论群或产品经理聚会中问文档怎么写，哪里可以获得文档模板，找到模板之后就开始做填空题，这是不对的。产品设计文档是在产品经理与交互设计师和相关的研发同事（甚至包括测试同事）充分沟通之后，大家都明白了为什么要做和怎么做之后，才开始撰写的。文档的模板并不重要，大家对文档所描述的产品特性都已经很清楚，能够对照它开展工作，这才是关键。独自埋头写文档，写好之后再出去沟通，这样的文档有 99% 的概率会被大幅修改，等于在做无用功。

0.2.5 关注用户体验

把产品设计文档正式提交给研发团队之前，我们需要换个角度再审视一遍这些设计文档，以确保我们的产品会是一个用户喜欢的产品。用户是否喜欢我们的产品，取决于他使用产品所获得的好处，也取决于他在产品中获得的体验，这两方面都是用户价值所在，缺一不可。互联网上有很多电子邮箱产品，你使用哪一款？是不是它的产品体验优于同类产品？用户体验对产品成败的影响有多大，为什么 Pony 要亲自担当腾讯的首席体验官？

AISAS 是由电通公司针对互联网与无线应用时代消费者生活形态的变化，提出的一个适合信息时代的消费者行为分析模型，见下边的定义栏。

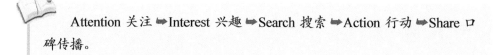

Attention 关注 ➡Interest 兴趣 ➡Search 搜索 ➡Action 行动 ➡Share 口碑传播。

用户最初从哪里开始关注一款互联网产品？网络广告吗？根据统计数据，网络广告在产品认知渠道中只排名第二，排名第一的是看到朋友在用（真实的使用行为是最强力的口碑），排名第三的是朋友告诉我。用户对某款产品感兴趣之后，会搜索它的具体规格和用户评测，他们会看看用过这款产品的真实用户是怎么说的，这款产品的优点是什么缺点是什么。如果用户觉得这款产品值得试试，他会开始使用，然后他会把自己的体验转换成口碑传播出去。

简化一下就是：**用户体验影响产品口碑，口碑影响产品成败，产品成败影响产品经理的利益。**

关于用户体验的方法论有很多，这里介绍一种简单易记的用户体验三要素：**别让我等！别让我想！别让我烦！**

用户体验三要素不仅可以应用在产品设计中，在我们进行产品概念过滤的时候，也可以用它来判断某款产品的用户体验是否合格。有些时候，概念本身看上去很美，但是真正实现出来，却做不到用户可以接受的体验。我见过很多公司高层在过滤概念的时候直接看体验，然后再讨论其他方面的可行性问题。不啰嗦了，我们来研究一下体验。

别让我等！

为什么迅雷在下载软件中独树一帜？为什么越来越多的用户在低画质的视频网站上在线观看连续剧而不是下载更清晰的视频文件？答案是，**用户的耐心非常有限**，他们对速度的追求超过了对画质等因素的追求。

为什么用户的耐心非常有限？一方面生命是有限的，另一方面可能是传统媒体教育的结果，翻开杂志、打开电视机，用户得到的都是即时的体验，等待并不是他们所习惯的事情。由于可以选择的内容太多，用户在互联网上冲浪时会处于一种注意力涣散的状态，他们需要能够同时打开多个网页的浏览器，他们习惯于在浏览的时候遇到感兴趣的内容就创建一个新标签页（tab），预先打开以节省等待的时间，然后在无聊的时候随机切换到某个感兴趣的标签页。除了像大型游戏和电影这类足够丰富的体验以外，网站类的产品和休闲游戏都很难长时间地赢得用户的耐心。在观察网吧用户的时候，我发现他们会玩一会斗地主，然后切换到开卡丁车，开两圈之后又开始跳舞，在有限的上网时间内用户总是在追求体验丰富程度的最大化。在这样的竞争环境中，如何在最短时间内抓住用户的注意力是产品经理的首要问题。"我们要设计一个快速、轻盈的操作系统，几秒钟内就可以启动、把你带入网络。"——Google Chrome OS 的设计目标是不是很有吸引力？

假设现在有用户试图访问你的网站，那么你的网站最好能在 10 秒之内呈现给他，因为若超过这个时间，人们经常会放弃或者中断一个大任务的执行。许多研究都表明，用户最满意的打开网页时间，是在 2 秒以下。如果等待 12 秒以上，网页还是没有载入，那么 99% 以上的用户会关闭这个网页（通过进度条等手段可以将这个时限延长到 38 秒）。用户打开了页面，点击了一个按钮，你的网站有 1 秒的时间来展现他所期望的内容，1 秒是对话舒适间隔的最大值，为了让对话舒适地继续下去，这个时间点你一定要告诉用户点什么，不然用户会觉得冷场而离开。如果他输入了一串字符或者移动了窗口，那么这时候留给你的网站进行手眼互动反馈的时间是 0.1 秒，实际上，人对连续动画的感知大概是 0.065 秒，超过这个时间他就会觉得在这里进行操作太浪费时间。一些抽样调查显示，用户倾向于认为打开速度较快的网站质量更高、更可信，也更有趣。所以，绝对速度一定要及格，在及格的基础上越快越好。

如果只是讲用户体验还不足以引起你对速度的重视，下面我们来看两个数字。Google 做过一个试验，显示 10 条搜索结果的页面载入需要 0.4 秒，显示 30 条搜索结果的页面载入需要 0.9 秒，采用后面一个方案的话，流量和收入各减少 20%。Amazon 的统计也显示了相近的结果，首页打开时间每增加 100 毫秒，网站销售量就会减少 1%。

Yahoo! 在网站速度优化方面总结出了如下经验，并且将这些经验凝结在了 YSlow 工具中以帮助其他网站检查速度问题。

▶ 减少 HTTP 请求数

用户在打开一个网页的时候，后台程序响应用户需求所用的时间并不多，用户等待的时间主要都花费在下载网页元素上了，即 HTML、CSS、JavaScript、Flash、图片，等等。据统计，每增加 1 个元素，网页载入的平均时间就增加 40 毫秒（宽带）或 250 毫秒（窄带）。为了证明减少 HTTP 请求数可以让世界变得美好一点，我做了一个测试，分别将一幅图片切割成 26 片、3 片和 1 片，同时尽可能保证网页加图片的整体大小一致，然后看看这 3 种情况下打开网页所需的时间。

情况一（参见图 2-5-1）。1 个 HTML 文件（26.htm），26 个图片，合计 88KB，下载耗时 3.33 秒。我们可以看到拖后腿的 26_02.jpg 这个图片只用了 88 毫秒进行请求，却用了 3.03 秒进行下载，这是由于网络环境不稳定引起的。从我在深圳的电脑，到这台位于无锡的服务器，一路上经过了不知道多少条线路和设备，期间的任何一点异常都可能造成网络阻塞或是请求中断。HTTP 请求数越多，遇到异常情况的可能性就越大。

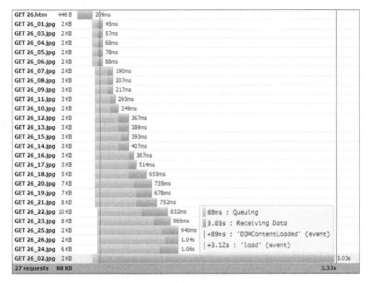

⊛ 图 2-5-1　27 个 HTTP 请求的执行情况

情况二（参见图 2-5-2）。1 个 HTML 文件（3.htm），3 个图片，合计 90KB，下载耗时 1.16 秒。我们可以看到这 3 个图片所花费的请求时间是基本一致的，下载时间有长有短，整个网页的下载时间取决于下载最慢的网页元素，只要有一个元素比较慢就等于整体慢。

⊛ 图 2-5-2　4 个 HTTP 请求的执行情况

情况三（参见图 2-5-3）。1 个 HTML 文件（1.htm），1 个图片，合计 94KB，下载耗时 913 毫秒。

GET 1.htm	313 B	200ms	
GET 1.jpg	94 KB		675ms
2 requests	94 KB		913ms

▲ 图 2-5-3　2 个 HTTP 请求的执行情况

如果放大测试次数，那么情况三的下载耗时偶尔会大于情况二，而情况三的耗时在总体上是低于情况二的。这个测试表明，在网页整体大小相近的情况下，HTTP 请求数越少，用户打开网页的速度就越快。

减少 HTTP 请求数的方法有以下 3 种。

- 减少不必要的 HTTP 请求，例如用 CSS 圆角代替圆角图片，减少图片的使用。

- 合并文件，对于文本文件，可以直接合并内容，例如将多个 JS 文件合并为一个，将多个 CSS 文件合并为一个；对于图片文件，可以采用样式表贴图定位（CSS sprites）的方式将多张图片拼成一张大图，在需要显示某个图片的时候通过 CSS 调用大图中的一部分显示，或者采用图像区块（image maps）的方式将网页中相邻的多个图片（例如导航条中的多个栏目图片）合并为一个，然后为它定义多个图像区块，在区块上建立链接。

- 优化缓存，对于没有变化的网页元素，用户再次访问的时候没有必要重新下载，直接从浏览器缓存读取就可以有效减少 HTTP 请求数。技术层面，增加 Expires Header 可以告诉浏览器一个元素可以缓存的时间长度，设定 Etags 可以帮助浏览器确定缓存中元素是否与服务器端的元素相匹配。

◗ 使用内容分发网络（CDN，Content Delivery Network）

用户与你网站服务器的接近程度会影响响应时间的长短，把网站内容分散到多个、处于不同地域位置的服务器上可以加快下载速度。内容分发网络是由一系列分散到各个不同地理位置上的 Web 服务器组成的，它根据和用户在网络上的靠近程度来指定某台服务器响应用户的请求，例如，设定拥有最少网络跳数（network hops）和响应速度最快的服务器会被选定。对于小公司而言，很难负担 CDN 的成本。大型公司可以租用第三方的 CDN，甚至自建 CDN。

◗ 压缩网页元素

每个元素越小，下载所需的时间就越少。通过 Gzip，一般可以将文本内容减少

70%。通过 JSMin 和 YUI Compressor 等工具，可以将 JS 文件进一步压缩。此外，YSlow 还提供了一个工具 Smush.it（参见图 2-5-4），它可以无损压缩网页中所有的图片元素。

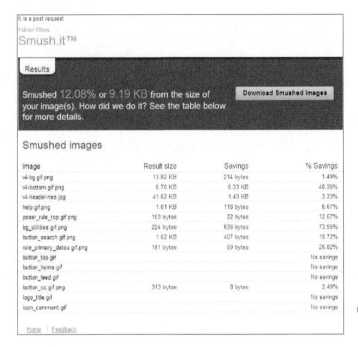

◀图 2-5-4　Smush.it 工具的界面

我见过一些不会缩图的网站，它们通过直接在 HTML 中指定图片的宽高来控制图片尺寸，比如显示的尺寸是 320×240，而图片的实际尺寸是 2304×1728，大小是 1 771KB，这种偷懒的做法简直是在自杀。

▶ 把样式表放在网页的 HEAD 部分

把样式表（CSS）移到网页的 HEAD 部分可以让页面尽快开始渲染，用户所感受到的载入速度将会变快。

▶ 把脚本文件放在网页底部

在脚本文件（JS）下载完毕之前，其后面元素的顺序显示将被阻塞，因此把脚本尽量放在底部意味着更多内容能被快速显示。脚本引起的第二个问题是它阻塞并行下载数量，HTTP/1.1 规范建议浏览器在每个域名下的并行下载数不超过 2 个，因此当脚本文件下载时，只剩下一个下载配额可以下载其他网页元素。

> ◗ 把样式表和脚本放到外部文件中

将样式表和脚本直接写入到网页 HTML 中，可以减少文件数量，从而减少 HTTP 请求数，但是，这样做也增加了网页的大小。综合来看，将样式表和脚本放到外部文件中，在首次浏览之后通过缓存来减少 HTTP 请求数，是更优的做法。

> ◗ 减少 DNS 查询次数

当我们在浏览器中输入一个域名的时候，浏览器首先要查询 DNS（域名解析系统，Domain Name System），根据 DNS 返回的域名与 IP 的对应关系来确定要向哪个 IP 发送 HTTP 请求。一般一次域名解析需要 20 ～ 120 毫秒。减少域名的使用可以有效减少 DNS 解析所花费的时间，但是由于每个域名有并行下载数的限制，Yahoo! 建议使用 2 ～ 4 个域名以获取 DNS 解析时间与并行下载数的平衡。

> ◗ 缓存 Ajax

Ajax 同样也是可以被缓存的，优化缓存、压缩网页元素、减少 DNS 查询次数等规则同样适用于 Ajax。

在提升速度时经常被忽视的一个问题是响应。对于用户的操作，不管返回结果的绝对速度是快还是慢，都要及时响应。

真实世界投射法在用户体验方面也可以给我们很多帮助。比如电梯（如图 2-5-5 所示）的运行速度总是不能让人满意，特别是对于等电梯的人而言。但是当用户按下电梯按钮的时候，按钮会立即点亮，告诉用户他的请求已经被接受。让我们想象一下如果电梯的按钮不会点亮会有什么问题，用户会一直按一直按，电梯没有任何响应，然后他会认为这台电梯无法沟通，转身去爬楼梯。没有响应的电梯很蠢是吗？让我们来看看 Windows 的桌面图标，你双击一下图标，就会打开应用程序，不知道你注意过没有，当你双击完成的时候，图标并没有任何响应（截止 Windows Vista 都是这样，Windows 7 终于有了改善），在程序出现之前，你可能已经双击了很多次图标，而应用程序也启动了很多份。OS X 系统里面则通过响应解决了这个问题，双击图标的时候，图标会立即有一个放大虚化的动画效果，告诉你双击已经被系统接受。在即时通信软件的会话窗口中输入一段文字然后发送，这段文字会立即从输入区移动到会话区，而此时这段文字还在发送中（如果发送失败则会在聊天内容展示框中提示用户），这个设计很好地提升了响应，把用户不需要了解的信息传递过程藏到了幕后。

◀ 图 2-5-5　电梯

响应问题之所以普遍存在，是因为大家常常把响应问题归结为性能问题。一个按钮点击之后没有响应，测试团队、产品经理和研发团队首先想到的都是系统的执行速度太慢，认为性能问题解决了，响应问题也就不是问题了。当提升系统的性能使之可以在 0.1 秒内响应用户操作的时候，的确可以解决响应问题，但是更多的时候（比如电梯），性能的提升是无法满足用户对响应的需求的，所以我们需要单独对待响应问题，将其与性能问题分开来看。保证一款产品的响应，只完成用户任务的程序模块是不够的，还需要有专门负责响应用户操作的程序模块，而且这些响应模块应该拥有最高的优先级别。例如 Windows 系统，在它假死的时候通常鼠标指针是能够正常移动的，按下 Ctrl+Alt+Delete 也能及时呼叫出任务管理器。

如果牺牲数据的完整性，可以换取更好的速度和响应，同时也可以降低服务器开销，那应该如何取舍？如果完整性的牺牲处于可容忍范围之内，用完整性来换取速度、响应和服务器开销则是最好的选择。世界上没有十全十美的事物，你的数据再完整，在服务器死机的时候还是会丢失一些还没来得及处理的数据，如果这是可以容忍的，把这个结果放大两倍可以容忍吗？早期版本的糗事百科中，用户点击对糗事投票的图标，网页会发送 Ajax 请求给服务器，服务器处理成功之后返回一个成功的消息给网页，这时网页上的投票数字才会发生变化，从点击投票到投票数字变化，整个过程大致需要 1 ～ 2 秒（受网络环境影响会有波动）。为了提升响应和速度，在用户点击投票图标之后会立即播放一个动画效果告知用户投票操作已经成功（见图 2-5-6 上部浮现出的"+1"动画），同时也会立即更新投票数字，然后发送 Ajax 请求服务，服务器接到请求之后处理更新数据库，不再返回结果给网页，整个过程大致还是需要 1 秒，但是用户所能感受到的过程是即时的，投票丢失也只是小概率的事件，可以忽略不计。

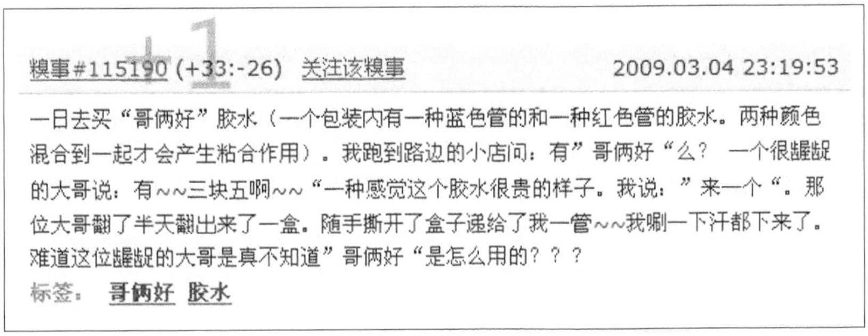

糗事#115190 (+33:-26) 关注该糗事　　　　　　　　2009.03.04 23:19:53

一日去买"哥俩好"胶水（一个包装内有一种蓝色管的和一种红色管的胶水。两种颜色混合到一起才会产生粘合作用）。我跑到路边的小店问：有"哥俩好""么？ 一个很龌龊的大哥说：有～～三块五啊～～"一种感觉这个胶水很贵的样子。我说："来一个"。那位大哥翻了半天翻出来了一盒。随手撕开了盒子递给了我一管～～我唰一下汗都下来了。难道这位龌龊的大哥是真不知道"哥俩好"是怎么用的？？？
标签： 哥俩好 胶水

▲ 图 2-5-6　点击后立即播放的"+1"动画

一流的用户体验绝不是一蹴而就的，要进行充分的可用性测试，收集用户的反馈，持续改进。我们今天所看到的各种优秀案例都是在"测试－改进"这个循环中打磨出来的，此外，可能还会由于技术进步导致体验需要翻新。作为产品经理，我们需要有否定自己的勇气，在实验数据和用户的反馈面前，要勇于承认自己过去所做的一些设计存在欠缺或者不够与时俱进。在糗事百科处于测试阶段的时候，投票会引发页面跳转，Ethan 向我提议说："既然投票对于筛选优秀内容这么重要，能不能不要因为投票而打断浏览体验呢？我在看一页糗事的时候想要给其中某条投票，结果网页刷新了，这时我需要重新定位到我刚刚看到的位置继续阅读，害得我不敢再投票了。"在这个建议的推动之下，我和 Sam 很快将投票修改成了无刷新体验，后来证实，这个体验是让投票这个功能点及其背后的内容筛选规则运作起来的关键。

列出绝对速度和响应两方面自己感觉最满意的 3 个网站，用 Firefox 的 YSlow 扩展分析一下这 3 个网站哪里做得好哪里做得还不够好。

糗事百科的投票，先是最简单的页面跳转，然后改用了 Ajax 技术不需要跳转但是投票要等待 1 秒，最后才变成了即时播放动画。对于用户体验的优化，希望大家做好打持久战的心理准备。

比速度慢和响应慢更可怕的，是网站无法访问。糗事百科在租用服务器的时候，曾经由于占用系统资源过多而被空间服务提供商强行关闭。在购买自己的服务器找机房托管的过程中，糗事百科停摆了近一个月左右，姑且不论用户的流失，Google 和百度都清除掉了糗事百科的索引直接造成 15% 以上的流量损失，重新建立索引爬升搜索排名耗费了一个多月的时间。更危险的是，这期间冒出来几家山寨版的糗事百科揽走了不少用户。2002 年开始，占据搜索引擎垄断地位的 Google 在国内的访问变得非常不稳定，这个机会造就了"中国的 Google"——百度，2008 年百度已经占据了中国搜索市场份额的 59%。在我们解决速度问题和响应问题的时候，也不要忽视稳定性问题。

这里引出另外一个问题——危机管理。糗事百科被空间服务提供商关闭之后，我的危机管理意识不足，没有在第一时间开始行动，侥幸地想着也许通过沟通能够很快恢复服务，与空间服务提供商沟通了 3 天无果之后，又想着也许很快就能搞定，搬家到国内，结果这样一拖，网站不能访问的状态已经持续了一个星期，我才开始着手告知用户的事宜。正确的做法应该是怎么样的呢？危机管理的基本对策是，加强信息的披露和与用户的沟通，争取用户的谅解与支持。在快速评估出糗事百科不会很快恢复服务之后，我应该在第一时间修改域名指向，用一台临时服务器告知用户主服务器遇到一些问题，然后一边与空间服务提供商谈判，一边争取快速恢复部分服务。如果采取了这样的措施，我相信损失会比现在的情况小得多。

别让我想！

谁低估美国人的智力，谁就会发财

1971 年，诺兰·布什内尔（Nolan K. Bushnell）开发了第一个商业电脑游戏机——"电脑空间"（Computer Space），它是大型机上的"太空争霸战"（Spacewar!）的改进版，可因为它太新奇了，超越了时代的步伐，因而吓跑了顾客，最终只销售了 2 000 台。但失败没有吓倒布什内尔，反而让他相信自己并没有走错路。

给布什内尔带来灵感的是一句话："谁低估美国人的智力，谁就会发财。"1972 年他注册了第一家电子游戏公司雅达利（Atari），这次他决心设计出一个无需动脑筋的简易游戏机，就连小孩子和酒吧的醉鬼也能一玩就懂。他雇了一个安派克斯（Ampex）公司的老同事艾伦·奥尔康（Allan Alcorn），他们开发的第一款游戏机叫"兵"（Pong），是一种简单的电子乒乓球游戏。

鉴于上次的打击，布什内尔决心谨慎行事，他组装了一个桌上模型，边上加上一个硬币箱，将它插在一台旧电视上，制作了一台兵的原型机。1972 年 9 月，布什内尔和奥尔康将这款原型机安放到了本地的一家酒吧中，看是否有人来玩。那是年轻人常常光顾的地方，也是硅谷最古老的大楼之一。一天不到，酒吧老板就打电话向他抱怨游戏机坏了。经过短时间的检查，布什内尔发现游戏机并没有坏，而是一加仑大小的钱盒已吃满了硬币，造成了"堵塞"，一个全新的电子游戏机时代就此拉开了序幕。

懒惰是人性的重要组成部分，用户通常不喜欢被强迫进行思考或学习，如果你的产品不是唯一的选择，那么用户很可能因为不会用而放弃使用。不会用绝对不是用户的错，他会打开电脑，他会使用键盘和鼠标，他会进入操作系统打开浏览器，他经过这么多步骤最终到达了你的网站，然后发现网页上一团糟，搞不懂这里是干什么的，也懒得学习如何使用，于是眼都不眨一下就关闭了你的网站。在产品能够快速触达用户之后，产品经理面临的下一个问题是："如何留住他们？"

包装好你的网站

我们不需要重新发明轮子，通过拿来主义吸取其他行业的经验才是我们的法宝。如果我们把网站的首页看作是整个网站的包装，把网页的头部看作是整个网页的包装，那么传统行业在包装方面的技巧是不是可以应用到网站设计中？就此，我咨询了宝洁公司的一位朋友，他向我介绍了包装的 3 要素。

▶ LOGO（标识）

我们辨认一个人，并不需要记住他从头到脚的所有细节，最重要是看他的脸；当我们辨识一个商品或者一个网站，最重要是通过 LOGO（如图 2-5-7 所示）。

LOGO 可以让用户轻松地知道"我"是谁，他浏览到网站中的任何一个网页，都能知道这是"我"在提供服务。

◀ 图 2-5-7　新浪网的 LOGO

● 是什么

一个 LOGO 下面，可能会有很多细化的规格或分类，比如可口可乐和零度可口可乐，都隶属于可口可乐 LOGO，却是细分的两个商品。同样，一个网站中，可能有很多细分的模块或子产品，这个时候单单靠 LOGO 并不能有效告诉用户每个模块是什么，还需要提供更具体的信息告诉用户当前这个模块"是什么"（如图 2-5-8 所示）。当然，如果一个网站只专注一类服务，"是什么"这一条就可以省略。

sina *新浪娱乐*　◀ 图 2-5-8　*子产品的信息*

● 带来什么好处

需要简单明了地告诉用户"我"能带来什么好处，通常是通过一条 Slogan（口号），比如零度可口可乐的"无糖　依然可口可乐"，点明了无糖的独特卖点（Unique Selling Point），同时强调了自己依然是可口可乐，暗指自己继承了可口可乐的口味、品牌内涵等。通过向用户声明"我"所带来的好处，能够激发用户尝试使用的兴趣（如图 2-5-9 所示）。

sina *新浪邮箱* 伴你生活　◀ 图 2-5-9　点明独特卖点

带着包装三要素，我们来审视一下图 2-5-10 这个网站。你在多长时间内搞懂了这个网站的服务？你决定使用这个网站的服务吗？

再看看图 2-5-11 这个呢？

share1t 的域名直接说明了它的服务内容，下面一行注脚就是其具体的服务条款，清晰明了。

⚘ 图 2-5-10　荧火虫的网站

⚘ 图 2-5-11　share1t 的网站

103

我们再来看几个网站，如图 2-5-12 ～图 2-5-14 所示。

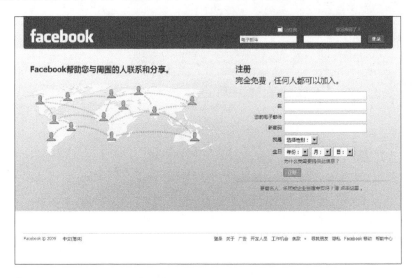

⊛ 图 2-5-12　Facebook 的网站

醒目的 LOGO ＋ "Facebook 帮助您与周围的人联系和分享"（带来什么好处）＋
工作原理示意图。

⊛ 图 2-5-13　Photoshop.com 的网站

Photoshop.com 的 LOGO ＋ "Create, learn, get ideas, store, and share your work, all
on Photoshop.com"（带来什么好处）＋ Adobe 的 LOGO（引入知名的母品牌以提
携子品牌是一种常用手法）。

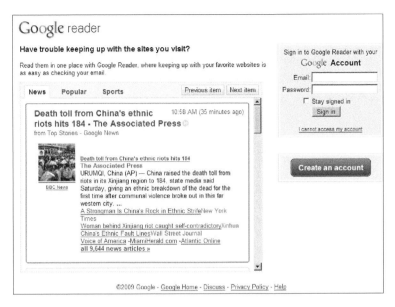

Google 的 LOGO＋"Reader"（是什么）＋"Read them in one place with Google Reader"（带来什么好处）＋可体验的界面预览。

经过对网站进行包装，我们可以有效地留住用户。接下来我们希望他们在网站中做进一步的尝试，怎么做？

关注用户及其任务，给予明确的指引

在做产品的时候，由于投入了太多精力去做设计、研发，有时会发生关注产品本身多于关注用户的现象。《GUI 设计禁忌》（*GUI Bloopers*）中有个例子让我印象深刻。

　　20 世纪 80 年代初，我在自己的第一台电脑上安装了一款游戏，游戏的目标是在不碰到墙壁的情况下驾车穿过迷宫。在游戏中可以通过设定汽车的速度来调整游戏难度，汽车的速度为 1 ～ 10 的某个数值。不幸的是，用户在设定速度的时候会得到与他们预期相反的结果：速度的数值越大，汽车的行进速度就越慢，因此最快速度对应的是最小数值 1。

　　我有这款游戏的源代码，正好可以检查一下这是怎么造成的。和我猜想的一样，用户输入的速度值指定了程序在一个延迟循环中的循环次数。数字越大，程序在该循环中遍历的次数越多，延迟循环所需的时间就越多，汽车的速度就变得越慢。

程序员把他的实现暴露给了用户，但是用户（包括我）并不关心游戏内部是如何运作的。另外，基于他们的生活常识，他们期望越大的数字意味着越快的速度。和你猜的一样，这款游戏的用户（包括我）常常不经意地将速度错误地设置成了或快或慢的数值。

除了设置速度的用户界面不符合常规之外，这款游戏还是非常不错的。我认为它很适合用来招待小孩子玩，但是我不能忍受这种特别的速度控制。于是我通过源代码修改了程序，用 11 减去用户输入的数字，在延迟循环中使用这个运算得到的差值而不是用户直接输入的数值。这个改动花了我大约 2 分钟，程序员需要花费的时间可能更少，但是他显然没有意识到应该避免将实现暴露给游戏的用户。

———————————
摘自 Jeff Johnson 著，王蔓、刘耀明翻译的《GUI 设计禁忌》机械工业出版社出版

为了便于大家更深刻地理解什么是"用户及其任务"，我们看看淘宝网，如图 2-5-15 所示，这是大家所公认的用户体验非常好的一个网站。淘宝在首页提供了搜索、商品分类、推荐等，这些都是用户在购物中会使用到的功能，很好。

▲ 图 2-5-15　淘宝网的首页

但是与 Amazon（如图 2-5-16 所示）相比呢？

◉ 图 2-5-16　Amazon 的首页

Amazon 利用 Cookie（网站为了辨别用户身份而储存在用户本地终端上的数据）记录了我之前访问过的一本书 *Running Lean*，并把这本书放在了网站首页的中间位置，周围的其他推荐，也是围绕这本书进行的。请大家注意，这两个网站的截图都是在未登录的状态下截取的。在我看到 Amazon 首页时候，我有一种被尊重的感觉，就好像去一个常去的餐馆吃饭，服务员了解我的口味能猜出来我要点什么菜。这样精准的推荐也更方便我去购买这本书，省去了重新搜索的过程。回头看看淘宝，它所提供的各种冷漠的工具是不是显得相对不够关注用户及其任务？

在网络游戏中，吸引用户在商城中消费是实现商业模式的重要一环，但是一些游戏的商城设计得并不合理。在《天龙八部》的元宝商店中（图 2-5-17），商品分类的名字很费解，南北奇货是卖什么的？花舞人间是卖什么的？我想买一个坐骑，应该去珍兽商城吗？单个商品缺乏购买按钮，也没有网络购物中常见的购物车。在购买形象类道具之前，我想试穿一下看看效果，如何试穿？哦，要额外点击一下"试穿 / 骑"按钮。我是想给游戏付费的呀，为什么要这样折磨我？

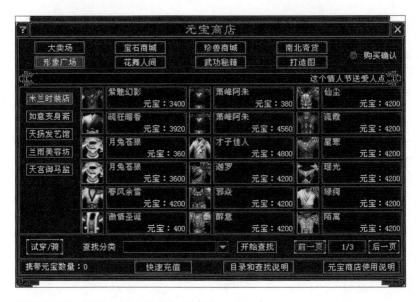

▲ 图 2-5-17 游戏《天龙八部》的商城

作为对比，我们再看一下《冒险岛》的商城，如图 2-5-18 所示。清晰的商品分类，每个道具都有购买按钮，有购物车、即时试穿的功能，这些设计都是围绕着用户及其任务展开的。在设计产品的时候，我们需要给予用户醒目、清晰的指引，以帮助他们尽快地进入下一步，下一步，下一步……最终完成任务。

▲ 图 2-5-18 游戏《冒险岛》的商城

人的视觉是通过扫描的方式工作的，打开一个界面之后，会粗略地扫描上面的重点，比如大面积的图形、加大加黑的文字、更醒目的颜色、动态的画面等，而并不会仔仔细细地看完界面中的每个字（包括支付界面）。指引信息首先要醒目，让用户能够很容易地扫描到。比如公路上的路牌，在汽车行驶到距离岔路口一定的距离，需要判断要进入哪条路线的时候，路牌正好处于司机视线的中心区，并且面积足够大，这就是非常醒目的设计。指引信息在产品界面中所处的位置、它的尺寸（面积、体积）和它与周围环境的反差是醒目与否的决定因素。一般来说，界面的左上角（通常是眼球运动轨迹的起点）和大幅图片的周围，都是比较醒目的位置。如果指引信息是通过动画形式进入到界面中的，那么在顶部居中的位置或界面中心出现会比较醒目。

以糗事百科为例，图 2-5-19 是原来的设计，所有字体的颜色都差不多，投票和关注等操作并不醒目，并不便于用户进行扫描。

◀ 图 2-5-19　糗事百科原来的设计

图 2-5-20 是优化之后的设计，字体有了大小、深浅的区别，去掉了关注，增加了分享的图标，投票的可点击感更强了。

◀ 图 2-5-20　糗事百科优化
　　　　　　　后的设计

指引信息的尺寸越大就越醒目，这一点很容易理解，我们的眼球在扫描界面的时候总是会被大号的东西所吸引。有的时候，指引信息的位置很好、尺寸很大，却被淹没在了其他信息中，我们需要通过增加视觉对比等方法把它与其他噪声信息有效分离开，比较极端的做法是把网页变暗只点亮需要用户关注的信息（代表案例是 Lightbox），在我们进行用户测试的时候发现这样做会导致一些用户恐慌，他们不清楚到底发生了什么，为什么网页变暗了，是不是出了什么问题？目前比较流行的做法是用不透明或者半透明的边框将提示信息与其他噪声信息隔离开，如图 2-5-21 所示。

▲图 2-5-21　将提示信息与其他噪声信息隔离开

其次，指引信息要清晰，被扫描到之后能够被用户有效理解，进而被执行。图 2-5-17《天龙八部》商城中的"花舞人间"就不是一个清晰的指引信息；图 2-5-18《冒险岛》商城中的道具按照"装备"、"消耗"等方式进行分类则清晰很多。在希望用户进行操作的地方，尽可能使用简短有力的暗示性措辞，比如"立即购买"、"马上加入"。

尽可能地降低用户的学习成本

打开即会用的产品可以减少用户的思考。一个好的产品各个功能都要符合自解释原则，尽量通过图形和文字让用户能根据他以前的常识和经验就能上手，实比较拍拍和淘宝的指引信息（参见图 2-5-22 和图 2-5-23），哪个更醒目、清晰，具体在哪几点上做得更好？

⊛ 图 2-5-22　拍拍的商品介绍界面

⊛ 图 2-5-23　淘宝的商品介绍界面

在做不到就用注释或鼠标悬停提示进行说明，或者将相应的帮助信息放在这个功能旁边让用户可以顺手查看。

OS X Leopard 中引入了一个备份还原工具——时间机器（Time Machine，参见图 2-5-24），它的名字和操作方法都是绝佳的隐喻，这种设计风格被称为拟物化（skeuomorphism）。时间旅行这一科幻概念经常出现在影视作品中，已经人尽皆知，比备份／还原这样的说法更易于被接受，使用起来也是趣味十足。

如果把时间机器和中国的流行软件"一键 GHOST"作比较（参见图 2-5-25），我们就会发现中国式产品的精华所在——傻瓜到只有一次操作。

▲ 图 2-5-24　时间机器很到位地模仿了特性和操作体验，这才是拟物化的精髓

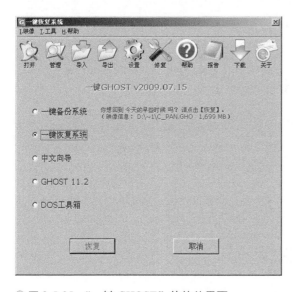

▲ 图 2-5-25　"一键 GHOST"的软件界面

第一次启动"一键 GHOST"的时候，默认选项是"一键备份系统"，这时候只要点击一次"备份"按钮，便进入了无人值守的自动备份程序，先是重启系统运行 GHOST 程序开始备份，备份结束之后再次重启系统。以后再运行"一键 GHOST"，则会默认选中"一键恢复系统"，这样就减少了误操作的可能性（一般都是电脑城装好机之后给用户备份一次，用户搞砸了就自己一键恢复），点击恢复，依然是无人值守，重启两次之后系统就还原了。

对于教育程度参差不齐的中国用户来说，时间机器太复杂了，门槛太高，"一键GHOST"软件能学会用，这就是中国式产品的胜利。为什么 hao123 让所有资深 IT 人士大跌眼镜，为什么很多中国用户不喜欢（或不会用）官方版的 XP 非要换成番茄花园，作为产品经理，我们需要反思一下我们是否真的了解我们的用户。

在 Google Chrome 浏览器中，我们也可以看到另外一种更加精巧的做法——递进显示（Progressive Disclosure）——只显示与用户当前任务相关的功能，隐藏其他功能。

Chrome 浏览器的底部并没有固定的状态栏，当用户的鼠标滑过某个链接或者点击某个链接的时候，一个浮动的状态栏会出现，告诉用户链接地址是什么。Chrome 浏览器还可以选择是否"总是显示书签栏"，选择否的话，书签栏只会在空白的标签页中出现，我个人使用中感觉这样的做法很恰当，并不影响我使用书签栏。这些做法一方面增加了 Chrome 浏览器的显示面积，提高了信噪比（对于用户的核心任务——浏览网页内容而言，不必要的浏览器元素都是噪声），另外一方面，通过减少"当前不需要的信息"降低了用户的学习成本，用户打开 Chrome 之后不需要去花时间研究他们暂时用不到的功能（参见图 2-5-26）。

▲ 图 2-5-26　Google Chrome 浏览器

递进显示在显示面积非常有限的时候变得更加重要。比如很多手机上的浏览器，地址栏只在滚动到页面最顶端的时候才会出现，滚动条只在滚动操作的时候才会出现一小会儿。站在用户体验的角度，我认为不应该在被逼得没办法的时候才使用这招，在显示面积足够的时候也应该考虑哪些是当前不需要的信息，然后把它们隐藏起来。

尝试用 Chrome 的思路优化"一键 GHOST"的界面。哪些信息需要在哪些时候展示？

图形界面中，窗口的大小一般是可以改变的，那么，如何让用户了解这个功能呢？首先，功能是通过鼠标拖放改变窗口大小的，需要让用户知道这个窗口能不能拖放，哪里可以拖放；然后，需要寻找一个视觉特征可以让用户"猜"到这里是可以拖放的。真实世界中，瓶盖和滑动开关上会用一些条纹或网点来增强摩擦力，如图 2-5-27 中的瓶盖。

◉ 图 2-5-27　瓶盖上的条纹

将这种表现摩擦力的视觉特征运用到浏览器窗口上，就有了图 2-5-28 右下角的效果（鼠标经过窗口右下角条纹区域时会变成拖放箭头的形式进一步提醒用户）。

◉ 图 2-5-28　浏览器窗口右下角的效果

注释可以将问题解释清楚，但它的缺点是容易破坏界面的简洁，如图 2-5-29 所示。

⏺ 图 2-5-29　界面中加入注释的效果

将注释直接展现在输入框中，可以最大限度地保持界面的简洁，如图 2-5-30 所示。

⏺ 图 2-5-30　将注释直接展现在输入框中

鼠标悬浮提示只在用户想要了解某个功能点的时候出现，对界面简洁的影响不大，非常适合使用在界面中固有的文字和图片无法有效自解释的时候，如图 2-5-31 和图 2-5-32 所示。

◀ 图 2-5-31 "实用网址大全、便捷直达常用网站"的注释

◀ 图 2-5-32 "隐藏参与者的显示图片"的注释

不过，鼠标悬停提示无法应对解释文字很多的情况，这个时候可以通过帮助页面进行更具体的解释，如图 2-5-33 和图 2-5-34 所示。

▲ 图 2-5-33 Google AdSense 中用问号图标引导用户进入帮助页面

◀ 图 2-5-34 淘宝用注释文字"什么是购物车"引导用户进入帮助页面

越复杂的东西就越难被理解、学习和记忆，所以要牢记奥卡姆剃刀定律——如无必要，勿增实体。像 Google 一样保持简单需要很大的勇气和毅力（如图 2-5-35 所示），把一款产品的界面搞很复杂则要容易得多（如图 2-5-36 所示）。 当

116

然，以新浪为代表的**中国式复杂**有它出现的理由。中国网民的教育程度参差不齐，很多网民不会使用频道导航查看自己感兴趣的内容，甚至不会翻页，把尽可能多的内容堆到首页的确可以帮助这些用户。不幸的是，这种中国式复杂很有劣币驱逐良币的味道，一个网站如果不设计得复杂一点，就会有用户认为它料不够实力不足，中国网站的设计就进入了不敢不复杂的恶性循环。还

滚动条源自真实世界中的某样东西吗？为什么我们可以很快掌握它的使用方法？

好，今天有搜索引擎、网上支付、微博、团购等有勇气简单的产品，可以帮助用户逐步认识什么是好的产品以及如何使用互联网产品。

▲ 图 2-5-35　Google 简单的界面

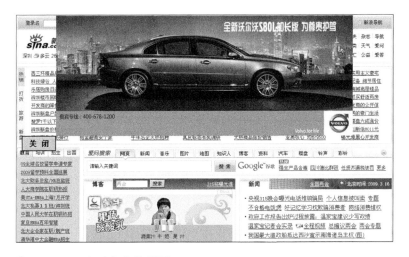

▲ 图 2-5-36　新浪复杂的界面

117

有些时候我们必须面对"必然的复杂",比如汽车,离不了变速箱、车灯、雨刷等装置。如何做到化繁为简,让用户能更轻松地驾车?这些装置是现阶段必需的,但可以通过一些手段让它们自动运行,从而让用户感觉不到它们的存在,改进之后的结果就是自动变速箱、光线感应车灯和雨量感应雨刷,甚至在增加了一些雷达之类的辅助设备之后还能实现自动泊车。

> 把一切变得尽可能地简单,而不只是简单一点。

> ——爱因斯坦

通讯录是电子邮件中不可缺少的一个功能,它的缺点是需要用户付出额外的学习成本。Gmail 通过自动完成(Auto-complete)功能极大地降低了通讯录的学习成本和使用效率,当用户在收件人的地方输入第一个字母的时候,Gmail 就会自动列出相应的联系人列表(按照联系频度排序)供用户选择,如图 2-5-37 所示。

◀ 图 2-5-37　Gmail 自动列出的联系人列表

收到垃圾邮件是让用户非常困扰的事情,用户自己也很难过滤掉垃圾邮件,Gmail 会自动分析用户举报的垃圾邮件,帮助用户解决垃圾邮件骚扰的问题。用户所要做的,只是点击一下"这是垃圾邮件"按钮,如图 2-5-38 所示。设想一下,如果举报垃圾邮件需要进行两步以上的操作,每天的举报量会下降多少?

◀ 图 2-5-38　"这是垃圾邮件"按钮

118

在与用户交流的时候，要向用户传递信息，而不仅仅是数据。用户看不懂数据，也不关心数据，如果要告诉用户什么，就把信息说明白，抛给用户一个 404 错误（参见图 2-5-39）不如直接告诉他这个页面不存在了，你可以去其他地方逛逛。

▲ 图 2-5-39　404 是什么？ nginx 是什么？ 可以吃吗？

别让我烦！

用户都是喜欢偷懒的，如果你的网站操作效率很低，就会令用户烦躁，进而导致不好的口碑。有一个粗略的说法是，完成任务的难度与其所需步骤的平方成正比，那么，缩短完成路径就是帮用户偷懒。

一次我在必胜客的网站上订餐，看到一个"玩游戏得优惠"的广告：进去玩了一下得到一串优惠码，可以减 6 元并送一瓶可乐。哇，赚了。我在订餐的时候输入了这串优惠码，弹出了一个确认窗口，我看到有减 6 元送可乐之后就点击确认，提交了订单。送餐到我家之后，我发现账单上并没有减 6 元，更没有送可乐，我很恼火，打电话给必胜客投诉。必胜客回复说让送餐员先去其他的地方送餐，我的问题会有一位专员负责处理，稍后送餐员再回来和我收钱。

过了一会儿，专员打电话过来，让我重新下一次单试试。在他的提示下，我发现输入优惠码之后的确认窗口中有一行提示信息让我勾选一下优惠券。原来在关闭确认窗口之后，我还需要在订单页面上勾选一下（这个勾选的地方要滚动页面才能看到）才能让优惠码生效，整个流程既复杂又不够显眼，我之前自己操作时候根本没有注意到这么多细节。这个时候送餐员正好到了我家，专员和他通了一下电话，我的单子按减 6 元缴费给他，然后他又跑了第三趟给我送了一瓶可乐。

我对必胜客的处理结果表示满意，可我不太明白的是，那个优惠码是真的要优惠用户吗？为什么要设计这么复杂的流程而不是让我输入的优惠码直接生效？这个糟糕的设计和我粗心的操作，让无辜的送餐员多跑了我家两趟。如果其他用户也遇到了和我一样的问题，是自认倒霉对必胜客表示失望还是拿体验说事让送餐员多跑几趟？

在 Amazon 购物的时候，用户在进入一个商品页之后可以无刷新切换商品的规格。比如我对 PS3+MGS4 套装感兴趣，我打开了这个商品页，如图 2-5-40 所示。

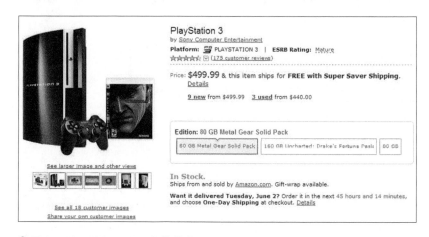

⚞ 图 2-5-40　PS3+MGS4 套装商品页

商品图片右侧有个版本（Edition）的栏目，在这里我可以快速查看其他版本的价格，只需要将鼠标移动上去。我将鼠标移动到 80GB 版本之后，商品图片和价格等信息就都发生了变化，如图 2-5-41 所示。

⚞ 图 2-5-41　80GB 版本的信息

如果这个时候我改变了主意要购买更便宜的 80GB 版本，那么我点击一下 80GB，商品页就会无刷新地变成 80GB 版本的商品页，我就可以直接下单了。这个流程为想要比较商品的多个版本的用户提供了极高的操作效率。

一次又一次地进行重复的操作绝对不是用户想要的，合并重复的操作可以提高用户的操作效率。在手机操作系统 Symbian S60 第三版中，每一个软件都有自己的接入点设置，有一些软件会在启动的时候询问使用哪个接入点，还有一些软件可以设置"每次询问接入点"还是"用户定义接入点"。设置了自定义接入点后，软件会自动使用用户设置的接入点（比如 GPRS），如果该接入点无效，则会打开接入点选择列表让用户选择其他可用接入点。对于每个软件都要单独进行设置，这让我很烦躁，特别是每次安装新软件的时候，而且每个软件支持的接入点还不太一样，有的支持 WIFI，有的不支持 WIFI（中国国情所决定的）。

但是，在 iPhone 中不需要为每个软件单独设置接入点，iPhone 自动给网络连接分配了优先级：WIFI>EDGE>GPRS。每个程序都使用这样一套自动优先级的连接方式，不用单独设置接入点，也就是说，当用户在家的时候，iPhone 会自动连接 WIFI（iPhone 会记住它以前所有连接过的 WIFI 网络），所有程序都使用 WIFI；当用户在户外时，iPhone 会自动连接 EDGE 网络，所有的程序使用 EDGE，不需要对每个程序去设置。这对于购买了运营商套餐的用户来说是最高效的操作方式，iPhone 可以使用这种高效的设置方式也正是建立在它的运营商绑定策略之上的。

在关注缩短完成路径这个问题的时候，优化操作步骤是第一位的，因为我们首先要简化用户的任务。接下来，我们要在任务内部优化指点设备（鼠标或手指等）运动轨迹和眼球运动轨迹等细节。根据费茨定律（Fitts's law），使用指点设备到达一个目标的时间与以下两个因素有关。

◗ 设备当前位置和目标位置的距离，距离越短，所用时间越短。

◗ 目标的面积，目标面积越大，所用时间越短。

也就是说，如果我们希望用户的指点设备滑过或点击某个元素，那么这个元素就不应该距离指点设备的当前位置太远（前提是能够预测当前位置），并且它的面积要足够大。伴随着 Web 2.0 的热浪，网站的设计也有了一系列的革新，其中一条就是"以大为美"——大大的 LOGO，大大的图片，大大的按钮，它们不光看起来更有冲击力，也更方便用户的指点设备定位。

在使用产品的过程中，用户眼球的运动时间通常比指点设备的运动时间更长，将用户的视线保持在一条直线上（通常用竖线），是最常见的优化手段（参见图 2-5-42 和图 2-5-43）。

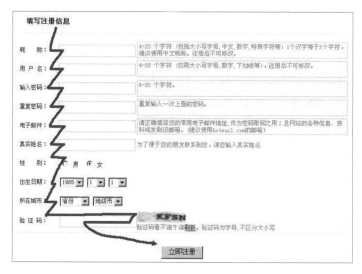

▲ 图 2-5-42　用户的眼球运动为折线

◀ 图 2-5-43　用户的眼球运动为直线

在 Chrome 浏览器中批量关闭 tab（页卡）的操作效率非常高，关闭一个 tab 之后，右侧相邻 tab 的关闭图标会自动定位到鼠标下面，参见图 2-5-44（如果右侧已经没有 tab 了，则左侧相邻 tab 的关闭图标会定位到鼠标下面），无需移动鼠标，只需要连续点击，就可以连续关闭多个 tab。当鼠标移出 tab 栏，tab 会自适应到合适的宽度。如此贴心的设计，用户怎么能不爱上它。

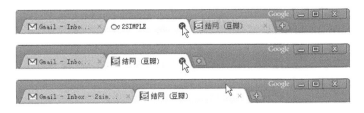

▲ 图 2-5-44　Chrome 浏览器中批量关闭 tab

在用户完成任务的过程中，产品有时需要给用户提供帮助和指引。之前常见的做法是采用弹出对话框的方式进行提示，用户需要关闭对话框才能继续自己的任务，降低了操作效率。好比一家餐厅的服务员非常热情，服务很频繁，可每次服务都会打断客人就餐，客人会很恼火，宁可没有这些服务。现在很多产品开始使用温柔的提示方法，将打断降低到最低，例如在 Gmail 中删除邮件，没有弹出的确认框，只是在删除后出现了一个淡淡的提示告诉用户操作成功了，如图 2-5-45 所示，用户没有感觉到中断，也没有损失反悔的机会。

该会话已移至"已删除邮件"。　了解详情　撤消

▲ 图 2-5-45　Gmail 中删除邮件的提示

这种温柔的提示方法也可以用在建设性的方面，比如用户在完成任务的过程中遇到了障碍，在第一时间就给予温柔的反馈，为用户提供合理的建议，如图 2-5-46 所示，用户自然会感到很贴心。

▲ 图 2-5-46　为用户提供合理的建议

有时候，操作效率的降低并不是因为功能设计得不够好，或者提示和建议处理得不够好，而是由于强行地塞进了一些用户不想要的信息或任务。用户正在阅读一篇文章，忽然飘出来一个广告挡住了他想要阅读的部分（我就有遇到过），他不得不停下来寻找关闭按钮来关闭这个广告，他怎么能不恼火？如果在支付页面上出现了这种骚扰会怎么样？让我们来看看下面这个 3 亿美元按钮的故事。

价值 3 亿美元的按钮

　　某购物网站中，当用户在购物车里填满想要购买的商品，点击"付款"按钮的时候就会见到一个表单。输入框分别是邮箱地址和密码，按钮是登录和注册，链接是忘记密码，没错，这是一个标准的网站的登录表单，网站的团队成员认为这个表单可以让客户更快地购买东西。初次购物的人不会介意花一点点时间注册——以后他们还可能回来买更多的东西，他们会感谢在今后购买时的便利。

　　Luke Wroblewski 的团队针对那些在网站上购买产品的人们做了一场可用性测试，请他们购买一系列想要的商品，并给他们提供钱来支付，他们所要做的仅仅是完成整个购物流程。测试中发现之前对初次购物者的看法是错误的，他们十分在乎注册这个事情，非常厌恶想要到达这个页面就必须注册。一位顾客对我说："我不是为了和你们搞关系才来这里的，我只是想买东西。"还有一些顾客不记得自己之前是不是来过这个网站，于是尝试输入不同的邮箱地址和密码组合，随着一次次的失败他们开始抓狂。总的来说，用户对注册的抵制程度让人大吃一惊。

　　后来，Luke Wroblewski 的团队依据零售数据库做了一个统计，发现所有顾客中有 45% 的人在系统中注册了多次，一些人甚至注册了 10 个账号。他们还研究了有多少顾客索取密码，发现每一天的请求量就是 16 万次，在这之中 75% 的人发送请求后就停止了购买行为。这个本来想方便大多数人的表单，其实只方便了很小一部分顾客（就是这小部分用户也没有获得真的便利，因为他们一样要花精力来更新自己的资料，比如收件地址和信用卡号等）。

　　最终的解决方法非常简单：设计师干掉了"注册"按钮，取而代之的是一个"继续"按钮，还有一小段话："在我们的网站上您可以直接购物，而不需要专门建立一个账户，点击'继续'去支付。如果您希望以后更方便地购物，也可以在结账时顺便创建一个账户。"

　　结果：购买商品的顾客数量上升了 45%。在第一个月就创造了 1 500 万的额外购买额，在第一年整个网站获得了额外 3 亿美金的交易额。

Jared M. Spool 著，UCD 翻译小组，JJYY 译 http://www.uie.com/articles/three_hund_million_button

除了功能性的骚扰，视觉和听觉的骚扰也很常见。跑马灯一类的持续翻动效果很能吸引眼球，但是当用户将视线移开，关注其他内容的时候，跑马灯效果会造成视觉上的闪烁，让用户分心并且烦躁。我遇到这种情况时，通常会使用Firefox 的 Adblock 插件屏蔽闪烁的部分，以确保自己能够安心浏览。如果实在难以割舍这种信息更新的效果，间隔一段时间刷新一次的翻动效果是稍好一些的选择。很多网站提供背景音乐，但不一定每个用户都喜欢这些音乐，也不是什么时间用户都需要音乐，提供明显的静音按钮非常必要。

当用户出错的时候他会烦躁，所以要尽可能降低用户出错的机会。笔记本电脑电源线可能会绊到人，同时笔记本也被摔到了地上，这很可能不在保修范围之内，这种情况很糟糕。Apple 推出了名为 Magsafe 的电源接口以减少这种出错，Magsafe 采用磁力的方式连接电源线和笔记本（参见图 2-5-47），当电源线受到外力时会自动脱离笔记本。

◀ 图 2-5-47　Magsafe 电源接口

说到这里，不能不提一下丰田的 Poka-Yoke。在 60 年代，丰田为了减少产品的缺陷，首创了 Poka-Yoke（防差错）理念，通过预防、校正和警告等方式降低和消除人工劳动中出现差错的可能性，Magsafe 电源接口就是符合这一理念的设计。在 Poka-Yoke 理念下，我们可以看到更多具体的指导思想。

◉ 自动：自动完成任务，或者在出现错误的时候自动校正。Magsafe 就是一种在差错发生时自动进行保护的设计，我们前面讲到的 Auto-complete 也是运用了"自动"的指导思想。

◉ 隔离：通过区域划分，禁止用户进入危险区域。iTunes 并不会告诉用户音乐文件和 CD 封面具体存放在了硬盘的什么位置上，将用户和这些文件隔离开，用户只能通过 iTunes 界面对音乐进行安全的管理。这个设计也强迫用户放弃了对音乐文件、CD 封面图片文件等内容的关注，将用户的注意力聚焦到了真正有价值的专辑和音乐上，降低了用户的学习成本。

▶ 校验：利用形状、密码等进行校验，确保不会误操作。三相电源插头只能按照正确的方向插进去，就是利用了形状校验。当用户对一些敏感数据进行操作的时候，让用户输入密码确认也是一种校验。

▶ 顺序：将流程编号，依次执行。比如淘宝会根据交易进行的阶段提示用户进行相应的操作。

▶ 指引：通过形状、颜色等对用户进行有效的指引，让他不需要停下来想就能知道接下来应该干什么。

▶ 警告：将不正常的情况通过文字、颜色、声音等媒介及时通知用户，提醒用户进行修正。如果用户的网络硬盘快存满了，我们可以弹出一个警告信息通知用户及时清理。

▶ 缓冲：利用各种方法减免差错带来的伤害。用户在写博客的时候可能会遇到网络故障、浏览器崩溃等原因导致博客内容丢失，抚平用户情绪的最佳方案就是对所建立的缓冲提供自动保存功能以帮助用户找回内容，如图 2-5-48 所示。

▲ 图 2-5-48　自动保存功能

用户在使用产品的过程中，还有可能会感受到压力，压力会令用户烦躁。在工作中我和同事发现了一个很有趣的现象，用户喜欢消灭数字。例如"未读邮件数 (3)"，用户在任务与任务之间的空闲时间就会点击这个链接，从而达到消灭数字的目的。豆瓣上有好几个 ID 叫"豆邮 (1)"，其中一个的签名是"别说你们了，连我自己都想点我"。随后我们又注意到了两个情况，首先是聚合器中的 Feed 未读条数，糗事百科的每日更新条数约为 50 条，两天没读未更新条数就会超过 100，这么大的一个数字会给用户很大的压力，消灭它不再是一件轻松休闲的事情，用户可能会迫于压力而任由这个数字继续增长下去而永远不再阅读这个 Feed。

发现这个问题之后，我将一天的几十条糗事合并为一条合辑 Feed 以控制更新数字的大小。Google Reader 似乎也注意到了数字带给用户压力的问题，在未读数超过 1000 之后，统一用"1000+"表示，如图 2-5-49 所示，1000 这个数字虽然很大，但是由于它看起来很整齐，所以给人的压力并不太大。

⊙ 煎蛋 (426)
⊙ 火星360 (181)
⊙ apple4us (34)
⊙ cnBeta.COM (1000+)

◉ 图 2-5-49　未读数超过 1000 后，用"1000+"表示

另一次我看到一款产品中将系统公告变成数字并排放在了个人消息数旁边。事实上，用户只关心与自己相关的信息，对于消灭系统公告数并没有足够的动力，看到这个系统公告数字增长又感受到压力，这种境地让用户非常不爽。从这个案例中我们可以体会到，不要为了增加用户的关注度而强迫用户去消灭他们不关心的数字，不要强迫用户去做任何违背他意愿的事情。

列出你最常用的互联网产品中让你烦躁的 3 处体验，给出相应的优化方案并评估各项优化方案的成本。

0.2.6　管理项目

首先，我们来盘点一下目前为止已经做好了哪些工作。通过分析用户需求和过滤，我们确定了一个非常不错的概念，并且获得了投资。针对这个概念，我们和交互设计师一起制作了产品设计文档，对产品所提供的用户体验也做了细致的调校。接下来，产品设计文档将变成真实的产品，这是一个重要的转折点，产品开始卷入大量的资源，产品经理开始真正成为产品团队的灵魂人物，担负起引领方向和润滑沟通的作用。

实现一款产品需要很多资源，为了提升资源的使用效率，公司一般会通过项目

来管理所有的资源投入，并监控目标的完成情况。于是，项目经理作为项目的管理者加入了产品团队。

项目经理和产品经理是什么关系，谁说了算？

应该说，项目经理和产品经理是在产品的不同维度上工作，是合作的关系。产品经理不一定具备项目管理经验，他考虑更多的是为什么要做和做成什么样，对于如何把产品构思落地做好，很可能不是专家。项目经理是利用有限的资源在限期内把事情做成的专家，他只对项目负责。他负责项目的计划、执行和验收，并不对整款产品负责。

所以，项目经理和产品经理是平行的两个职位，两者之间没有上下级关系。一名项目经理可能会与多个产品经理的多个具体项目打交道；同样，一名产品经理也可能会在产品的不同的项目中与多个项目经理打交道。对于项目目标，产品经理有提需求和确认的权力；对于项目管理，项目经理说了算，产品经理在项目进行的过程中提出改动需要项目经理的认可。

实现一款产品需要哪些资源？

首先，产品经理提出产品概念，梳理好用户的任务。设计团队中的交互设计师会和产品经理一起设计表现层的信息展现和交互。有了线框图后，图形用户界面设计师开始设计形状、色彩、质感等视觉元素，确定产品在表现层的最终展现。同时，研发团队中的系统架构师会根据产品经理的产品设计文档，规划好业务逻辑层要做的事情并确认要存储哪些数据，也会确定表现层、业务逻辑层、数据持久层和辅助系统都要用到哪些技术，并且估算不同用户规模下需要的服务器数量和带宽；研发同事会按照系统架构师的规划领取自己的研发任务，这些研发任务完成后会被组合好安装到服务器上。图形用户界面设计师的工作和研发团队的工作会在表现层整合到一起，形成兼具视觉效果和特性的产品表现层。然后，测试团队通过测试确认产品是否符合产品设计文档，测试通过后通知产品经理进行最终的测试和体验。这一切完成之后，产品就可以发布和用户见面了。

对表现层、业务逻辑层这些概念有点晕？下面这幅图展示了从研发角度看到的产品。

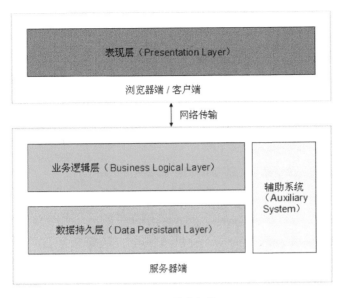

図 2-6-1 互联网产品的典型技术架构

表现层负责将信息展现给用户，并且负责与用户进行交互，用户的操作都是表现层予以响应，然后通过网络传输给服务器端的业务逻辑层进行处理。对于移动应用而言，应用客户端（App）是表现层，iOS App 使用 Objective-C 技术，Android App 使用 JAVA 技术。对于 Web 产品而言，表现层使用的主要技术包括：

▶ 负责内容的 HTML（HyperText Markup Language，超文本标记语言）；

▶ 负责外观的 CSS（Cascading Style Sheets，层叠样式表）；

▶ 负责行为的 JavaScript。

在标准的 HCJ（HTML+CSS+JavaScript）组合之外，Adobe 的 Flash 和微软的 Silverlight 也是常用的 Web 表现层技术，风靡全球的 SNS 农场游戏就是用 Flash 实现的表现层。

表现层变多了

随着移动互联网的兴起，一个产品通常要提供 Web、手机 Web、手机应用、Pad 应用等多个表现层，前端研发工作量就增大了很多，同时产品设计和交互设计也都变得更复杂了。业界常见的方案是，从手机应用开始设计，然后平移到手机 Web，再做一些加法扩展到 Web 和 Pad 应用。原因是从一个精简的基础做加法容易，而从一个大而全的基础上割肉很难。

糗事百科在推出手机 Web 和手机应用后，就是使用这个方法在工作，优先设计好手机应用，然后再将手机应用的特性和体验复制到手机 Web 和 Web 上，参见图 2-6-2。

▲ 图 2-6-2　糗事百科的多个表现层

业务逻辑层是体现用户的任务以及任务流程的地方，在经过业务处理之后，它指挥表现层进行表现，也指挥数据持久层对数据进行 CRUD（Create、Read、Update、Delete）操作。比如用户在某商品页点击了购买按钮，表现层会将用户的操作指令传递给业务逻辑层，业务逻辑层会指挥表现层展现支付页面，同时通知数据持久层更新用户的购物车。业务逻辑层中可以使用的编程语言或框架非常多，比较常见的有 PHP、Java、CGI、Ruby on Rails、Tornado 等。

数据持久层负责保存业务数据，用户创建账号之后要把他的账号和密码保存好，下次回来的时候才能顺利登录。这一层使用的技术有关系型数据库，比如 MySQL，和非关系型关系库，比如我们常用的文件系统（只要能保存数据，就是数据库，文件系统可以存储用户的头像图片或用户保存的网页文档等）。

辅助系统负责实现一些相对独立的、低耦合度的功能。比如全文搜索可以通过 Sphinx 实现，提升查询效率的缓存（把经常要用到的数据存放到比硬盘速度更快的内存里）可以用 Memcached 实现，它们都属于辅助系统。

在谈了这么多技术概念后还是要强调一下，考虑成本的时候，研发相关成本只占 20%，更多的成本和影响产品成败的因素在研发过程之外。

项目经理的工作内容是明确项目目标，制定好项目计划，确保项目所需的人力资源和服务器等资源到位，带领项目顺利地走完上述流程，实现项目目标。如果团队中没有专职的项目经理，项目经理的角色通常由产品经理或研发经理扮演，所以，产品经理需要了解一些项目管理的知识已备不时之需。

项目经理在管理项目的时候需要关注什么？

▶ 对结果进行预期

▶ 让所有人上船

▶ 把事情做完

对结果进行预期

在 0.2.4 节中我们介绍过，项目是为完成某一既定目标所进行的一次性努力。"一次性"的潜台词是，项目是有期限的。所以，项目经理的首要目标是把项目完成，并且尽可能在时间期限之内完成。

项目还会完不成吗？每天都有无数的项目流产，著名的游戏公司暴雪曾经流产过《魔兽王子》和《星际争霸：幽灵》，Windows Vista 的研发过程中砍掉了 WinFS 子项目。流产的原因有很多，有时是项目进行的过程中已经错过了市场，有时是既定目标过于高远而实际操作起来才发现完成不了，还有时候是对资源评估错误，等等。项目经理能够预期和控制的范围，主要是第三种情况，通过对项目资源特别是团队成员的能力进行评估，就可以预期项目是否能完成。让一个厨师去研发火星探测器，这是不靠谱的，项目经理在这种情况下需要协调项目资源，看看能否让厨师为团队做饭，然后再调配一个火箭专家过来工作。

项目能不能在时间期限之内完成？这让我想起一个很古老的故事，一个年轻人到了一个陌生的村子，向一位老者问路，去另外一个村子需要走多久？老者说不知道。等年轻人走了一段路之后，老者对他喊，你再走 6 个小时就到了。项目经理需要具备这个老者的智慧。面对一群没合作过的新同事，项目经理只能通过他们过去的履历来推断当前项目的完成速度，这种推断不会太准确，但是能得到一个大致的区间，随着实际合作的深入，项目经埋对完成速度的判断会越来越准。

让所有人上船

有时候，从团队的能力来说，应该能搞定这个项目，并且能在既定时间内完成，但他们就是不愿意工作，消极怠工，结果导致项目延期甚至流产。在项目成员就位的情况下，调动大家的工作意愿至关重要。

网站开发项目在很多时候都是由虚拟团队负责的，项目成员并不是产品经理或者项目经理的直接下属，你的手里并没有可以恐吓他们的大棒，你触碰不到他们的评级或是奖金。这造就了很多"项目度假成员"，他们名义上是项目成员，实际上是过来观光度假的。从老板看来，他给你的项目分配了资源，从你看来，这些戴着太阳镜穿着沙滩裤的家伙并没有真正花力气推动项目前进，他们的加入却缩短了期限（deadline）。

项目经理和产品经理类似，开展工作都要靠无授权领导力，没有大棒可用，能用的只有胡萝卜。你要用胡萝卜带领大家上船，告诉他们船上或者彼岸有他们想要的东西，有人可能想要漂亮的履历，有人可能想要提升自己的能力，有理想的人可能想让这个世界变得更美好，总之，投其所好。当大家都上了船，一起划桨离开了码头，则意味着每个人都做到了真正的投入，只有同舟共济驶向彼岸。

把事情做完

项目会被细分为若干个子项目，将所有的子项目完成，项目就完成了，关键的关键，在于完成。

图纸是死的，人是活的，牵扯到图纸上的具体细节，很容易出现沟通不充分或沟通起来鸡同鸭讲的问题，大家一扯皮，项目的进度就卡住了。不同知识结构的人，对事物的定义是不尽相同的。比如"按钮"，技术人员听到这个词，通常想到的是一个 HTML 元素，当鼠标点击事件发生之后，会调用提交表单等方法；设计人员听到这个词，通常会想这个按钮是否要做得醒目，尺寸多大，什么色调，什么质感。更严重的情况是，一个名词，被不同的人理解成了完全不同的概念，比如"会员"，一些人理解成了有特权的用户，另外一些人理解成了账户体系。改善这种情况，需要"世界语"。

世界语是指项目组所有成员通用的语言，世界语的教科书就是项目字典。项目字典并不是一份文档，它是项目经理在项目团队中所推广的一份虚拟文档，它存在于产品需求文档和日常的沟通中。首先，项目经理在日常的沟通中发现大家经常出现语言不通的地方，然后对这些地方进行更精确的命名以消除歧义，并且在日后的沟通中不断强化。

比如项目成员在谈到"会员"的时候经常扯皮，需要相互确认几次才能明白大家到底是在讲"账户系统"还是"特权用户"，那么项目经理就需要减少"会员"在沟通中出现的频率，将其重新命名为"账户系统"，在大家讨论问题的时候引导大家使用"账户系统"这个命名，并且配以精确的定义。当大家都接受了"账户系统"这个词汇之后，"账户系统"就成了项目字典的一部分，使用它进行沟通就减少了很多不必要的沟通成本。

老师问我们："你们谁的手机是 3G 的啊？"

一个女同学蹭地一下站起来说：

"老师，我的手机是 16 个 G 的！"

摘自 http://www.qiushibaike.com/articles/168357.htm

为了说明什么叫精确，下面我们插播一段美剧 *The Big Bang Theory* 第 2 季第 15 集的片段。

Penny：我一直很好奇，Leonard 小的时候是什么样子？

Leonard 妈妈：我猜你是说年幼的时候，他一直（个子）很小。

Penny：好吧，他年幼的时候是什么样子？

Leonard 妈妈：你得说得更具体些。

Penny：哦，大约 5、6 岁。

（Leonard 妈妈盯着 Penny）

Penny：5 岁！（汗）

Leonard 妈妈：在那个年纪（后续对话省略）。

在生活中进行如此精确的沟通很有喜剧效果，但是在工作中，的确有很多时候真的需要这种精确。即便如此，有时候大家经过沟通达成共识了，确定好了执行方案，过了一段时间再去检查执行情况，却发现方案还是被执行变形了。这不是项目成员故意阳奉阴违，而是由于大家知识结构的差别，执行的人在理解执行方案的时候已经是变形的了。为了防止这种情况浪费项目时间，项目经理有必要监控执行的过程以实现控制执行效果和执行时间的目的，有时候你甚至需要与研发人员坐到一起进行"结对编程"。

中国的奶制品风波引发了民众对食品免检制度的质疑，如果不能有效控制食品的生产环节，如何能保证最终产品的安全？今天可以添加三聚氰胺骗过蛋白质检测，明天这些追求利润的公司就能做到自律了？假设他们可以自律，可万一由于疏漏添加了有毒物怎么办呢？和这个后果比起来，过程监控也算不上什么负担吧。

项目中一般都会遇到需求变更的情况，我经手的每个项目多多少少都有变更。变更会引发两个问题，一是研发任务的调整导致项目周期变长（极个别的情况下会缩短），二是确认变更的过程就花费了太多时间。项目经理除了要评估变更本身给项目所带来的影响，还要解决确认变更时议而不决的情况，需要在限定的时间内有效推动决策，可以使用的方法参见 0.2.3 节中"行进中开火"的部分。

在变更的时候，不要忘记更新网站结构图、线框图和网页描述表这三份产品设计文档。保持这些文档的更新对于网站的可持续发展非常重要。在讨论、制定需求的时候我们对其中的细节是了如指掌的，随着时间的推移，记忆变得模糊，当有一天需要更新一些功能或者重构整个网站的时候，你会发现自己已经无法清楚地描述整个网站了，不是丢一些网页，就是无法确定一些细节规则，所以最好从一开始就避免这类事情的发生，不要想着"下次变更的时候我一定会更新文档的"。

既然提到了文档，顺便插一句，产品设计文档对于产品经理来说，就像代码对于研发人员来说一样重要，要保护好自己的这些财富。可能你会说，也许我以后再也不会负责相同类型的产品了，我现在的这些文档有什么用呢？首先，我们的文档凝聚了我们大量的思考和调研，其中有很多思路和方法是可以重用的（我说的重用并不是指搬到其他公司再复制出来一款产品），可以在以后的工作中节省我们重新发明轮子的时间；其次，经过实战检验之后，文档的格式已经凝炼了大家的沟通方式，是值得发扬光大的。

有时候需求没变更，却遇到了人员流动、技术难题等因素，对于这些因素如果事先考虑不足，临时抱佛脚，就会很被动甚至导致项目停滞。对于项目中的资源和实施环节，需要预先评估其风险，往最坏的方向去想，然后考虑如果发生了这样的情况，是否可以忍受，或者是否有办法补救。比如你的项目中只有一个网页制作人员，如果这个人离开了或者生病两个月，怎么办？有没有一个Plan B（替补方案），让某位前台开发人员能够顶替过渡一下？不要低估风险，当面包片落地的时候，总是涂着黄油的那一面朝下。项目经理要做到的是：防止面包片落地；如果它非要下落，就让它落在盘子里。

墨菲定律项目版

▶ 一项工作如果只有一个人负责，这个人肯定会休假或者离职。

▶ 认为没有技术难点的地方，都会成为技术难点或性能瓶颈。

在中国工作的项目经理还需要面对一个非常有中国特色的问题（我也见过一个印度人表现出同样的问题，欧美人是否也一样不太清楚，我们姑且称之为中国特色吧）——你的同事可能不够职业。在确定任务时限的时候他拍着胸脯说明天下班以前完成，第二天下班以前你去要结果，他却说："还差一点，现在有事情要走了，明天一早来了就搞定，绝对不耽误项目。"而真正搞定，却是在一周之后。这是真实世界中的案例，你可能也会遇到这样的同事，可以试试资深项目经理 Maggie 推荐的"一日三催"——早午晚三次检查项目进度并判断完成时间。既然承诺的时间是假的，那就只有你亲眼看到的真实进度是真的了。当然，这招需要讲究一下颗粒度，不需要对团队里所有的人都用，盯紧那些不太信守承诺的同事就好了。

对项目进行可视化管理

大师说："如果你同时追两只兔子，两只都会跑掉。"

项目经理说："我可以同时追 10 只背着 GPS 的兔子。"

项目经理、项目团队的成员还有老板都希望能够直观地看到项目的计划和进展，所以项目经理需要制作一些可视化的东西让项目变得直观和透明。不需要启动庞大的 Project 软件，一些简单的方法就可以帮助项目经理把项目进度管理好，比如用 Excel 软件或者 Google Docs 创建一个甘特图（用来体现项目活动与持续时间的图表，如图 2-6-3 所示）。

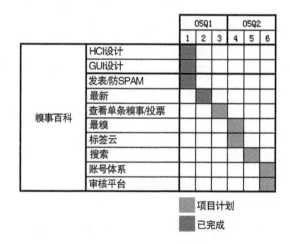

◀ 图 2-6-3　甘特图

糗事百科团队使用 Trello 作为项目管理平台，它采用非常直观的看板形式，需求文档可以直接放到看板里，如图 2-6-4 所示。

　　我的经验是，选用轻量级的、对团队现有工作习惯入侵小的工具，可以事半功倍，太重的工具往往因为懒得启动而变成鸡肋，与团队工作习惯差异太大则很难有效推行。另外，支持移动办公是个硬指标，它需要有手机应用或手机网站。

最后需要补充说明的一点是，产品经理的万金油身份只是候补角色，如果已经有同事在相应的岗位上工作，千万不要越俎代庖。在你无法独自完成整款产品，需要同事共同努力的时候，你会发现同事的工作结果与你的预期总会存在一定的偏差，这是因为每个人都是独立的个体，即便有各种精确的沟通手段，也无法做到心灵同步，甚至有时候你自己也不确定到底想要什么结果。产品经理需要真心地接受同事的工作结果并容忍其偏差，不能容忍就意味着所有的工作都将由你独立完成，你真的可以负担？

把读这本书作为一个项目，制作一个甘特图展现一下你过去的阅读进展（你可以按照章节细化为几个子项目），同时估算整体完成时间。

0.2.7　检查与处理

现在让我们项目经理的身份转换回产品经理的身份，来谈一谈测试。咦，测试不是测试团队的事情吗？别忘了产品经理是利益相关者，你希望自己的产品越来越好对吧？ PDCA 框架（参见图 2-7-1）可以帮助你实现产品的持续改进。

● 图 2-7-1　PDCA 框架

从公司的视角来看，PDCA 这一循环是从制定年度商业计划开始的。各个产品都做好自己的商业计划，确定发展目标和达到发展目标所需的关键任务，计算自己所需的预算，公司将这些商业计划汇总，确定公司的收入和成本目标。商业计划制定完成之后，公司授予产品部门申请的资源（经费、人员名额等），产品部门开始按照计划执行所有的关键任务，执行结果通过周期性的《产品运营状况简报》呈现给老板。老板可以通过运营简报检查商业计划的执行情况，对于计划之外的情况给予及时的处理意见，指导产品部门进行下一步的工作。年度结束之后，公司按照产品部门达到的发展目标授予年终激励，进入新一年的PDCA 循环。

一个朋友想创业，拉了一些自己的朋友做合伙人，确定股权，想公司的名字，找办公地点，忙得风风火火。忙得差不多了后，他把股权结构拿给我看，咨询我的意见，我问他这些股东对你公司的主营业务有什么推动价值，扮演什么角色，是全职参与公司运作吗？他回答说现在主营业务还不是很确定，大概方向有，具体需要什么人现在还说不好，这些合伙人都是朋友，其中几个目前不能全职参与，但是我们当初在学校里有一起创业的约定。

公司只是给产品一个更好的成长环境，成立公司是促进产品发展的一种手段。如果运用 PDCA 框架来考虑这个问题，假设计划是做好一款网页游戏，达到年收入 1000 万的目标，那么完成这款游戏需要游戏策划、美术设计、前端程序员、游戏服务程序员等几个核心角色，其中游戏策划负责整体推动。完成之后需要进行市场推广，让用户进入游戏，获得付费用户。这样看下来，需要什么合伙人、自己的朋友是否具备成为合伙人的能力、成立公司之后如何运作，就很明确了。

PDCA 不单能用在整个公司或整个项目上，它所应用的颗粒度还可以更细。比如，我们前面讲到要确定概念，筛选就是一种对概念的检查；然后我们讲到了把概念变成图纸，对于每个功能、网页以及网页上的元素都要在这个阶段进行可用性测试。

检查环节有两类重要工作：一是确认执行结果与计划是否相符，二是确认执行结果是否让用户真正满意。测试主要是第一类工作，简单来说，把产品用一遍看看是否与交互设计和视觉设计相符，再看能否承受一定的访问压力，性能有没有问题，都没什么问题，执行结果与计划就相符了。但是，执行结果与计划相符，并不能保证用户就会满意。

早期自行车轮子的材料是木头或者钢铁，这样的自行车造出来之后，经过检查，与计划相符，于是就送到了用户的屁股下面。苏格兰的一名兽医约翰·邓禄普（John Dunlop）给儿子买了一辆这样的木轮自行车，他的儿子很喜欢，但是成天喊屁股疼，痛并快乐着。邓禄普出于对儿子屁股的关心（我个人猜测），尝试把灌了水的橡胶水管裹在木轮子上增加减震效果。于是，世界上第一个空心轮胎诞生了。此后，无数人进行了无数次的改进，轮胎里的水变成了空气，轮胎变成了内胎加外胎的结构，而且可以更换，最终才演变成今天我们看到的轮胎。

工具类的产品与这个自行车轮胎的案例相似，对于社区类的产品而言，无法预测用户满意度的问题则更为突出。"要想洞悉一个系统所蕴藏的涌现结构，最快捷、最直接也是唯一可靠的方法就是运行它（引自《失控》）"，从我运营糗事百科社区的经验来看，真的很难精确预测一个设计引入社区后将会如何改变社区群体的涌现结构。我们曾经引入过一个投票彩蛋，在用户投票的时候有一定概率会弹出彩蛋信息给用户一些惊喜，我们的设计目标是激发用户的投票热情，这个目标的确达到了，但同时，用户开始喜欢"玩"投票，大量为了体验彩蛋而产生的投票在一定程度上破坏了糗事的排序，进而破坏了所有用户的阅读体验。这个结果只有在实际运行中才会出现，如果没有持续的跟踪检查，就无法确认用户是否相比改动前更加满意了。

很多工作环节都在影响用户满意度，比如设计环节，为用户想得更多一些，可能引起用户不满的设计就会少一些，到了检查环节，我们就可以从用户的实际体验来定性和定量的了解用户的满意度。定性的检查主要包括两个方面，首先是产品团队（特别是产品经理）的产品使用体验，然后是用户的使用体验。

一些产品经理并不是自己所负责产品的用户，他们有很多理由，比如当局者迷旁观者清、爱上自己的产品会把缺点当成优点等等，这些产品经理设计并制造了木轮自行车，但是自己的屁股从来不疼。如果他们能够深度地使用产品，就可以在产品开始接触大规模的用户之前尽可能撤换掉木制车轮。如果产品经理能够频繁地使用自己的产品，则可以感受到一些不容易察觉的效率问题。一些操作只是体验一两次，并不会觉得有什么问题，反复体验后则有可能发现原来有几个节点的操作效率很低，如果能够减少操作环节或缩短鼠标的运动距离，那么体验会更爽。这类流程上的效率问题通常是用户难以觉察的，或者有所觉察但不会表露出来。

深度地、频繁地使用自己的产品是一名产品经理应该养成的职业习惯之一，产品经理需要做到"春江水暖鸭先知"。

除了自己使用产品以外，产品经理还应该做到倾听用户的声音，然后试着重现用户遇到的难题，分析并解决这些问题。用户使用产品的场景千奇百怪，有一些可能是产品设计过程中根本没有考虑到的，如果能够倾听用户的声音，我们的产品就有机会去适应这些千奇百怪的场景。让用户能够有更多的参与也符合 Web 2.0 思想中的借力于集体智慧，这种做法有个专有名词叫做 CE（全称是 Customer Engagement）。

CE 的主要方法有：

- 提供一个明显的反馈入口，将用户引导到反馈论坛发表他们的投诉和建议，并进行及时的回复和处理；

- 订阅产品关键字的搜索结果，了解官方反馈论坛之外的反馈，同样给予反馈和处理；

- 建立或加入核心用户群，第一时间获取他们的想法，也可以很方便地测试一些产品概念；

- 通过用户行为录像工具或跟用户回家的方法，追踪单个用户的使用行为，发现他的使用障碍在哪里，解决这些问题；

▶ 对流失用户进行回访，分析流失原因，改进产品降低用户的流失率。

前面已经介绍过了可以应用在体验观察室中的录像软件，除此之外，直接记录用户的线上行为也是一种近似的替代手段。ClickTale（http://www.clicktale.com，如图 2-7-2 所示）是在这方面做得非常有特色的一个工具，它可以像录像机一样记录用户的操作以便于随时回放，通过它，不用把用户请到公司里来，也不用跑到用户家里去，就能观察到用户的浏览行为。类似的录像工具网站还有 http://clixpy.com。

▲ 图 2-7-2　ClickTale 工具

做好 CE 的关键，是爱与责任感。邓禄普对儿子的爱是他发明轮胎的最大的推动力，他绞尽脑汁要解决儿子屁股疼的问题，带着问题思考的时候"碰巧"看到了橡胶水管。当我们去向用户了解使用产品中遇到的问题时，很容易带有一种保护自己工作成果的防御心态，觉得用户之所以遇到问题是因为还没足够了解设计意图，这是 CE 的大忌，会阻止我们进行换位思考去感受用户的痛苦，不能"切身"体会这些痛苦就会丧失改进产品的动力。

这里又要把社区类产品单独拎出来说说了。产品经理如果不能将自己融入到社区中感受每天的变化，就会脱离社区文化错过社区群体的涌现。@ 是 Twitter 中很重要的一个符号，用来表示对某人进行回复（也用来发起和某人的对话），但这个符号并不是 Twitter 网站发明的，而是用户发明的。Twitter 的创始人 Evan Williams 在 TED 发表题为 "Listening to Twitter users" 的演讲时提到，Twitter 原本只是一个即时信息传播工具，是用户发明了 @ 符号进行回复，玩出了互动能力。Twitter 官方注意到这一点后，将 @ 符号作为正式的语法给予了系统级的支持。

三人行必有我师

当我有了写这样一本书的念头之后，首先用 MindManger 把书的提纲画了一下，然后发给了自己的朋友咨询他们的意见。他们中有资深的产品经理，有新晋产品经理，也有对产品经理这个职业感兴趣的潜在产品经理。在我真正动笔之前，就已经收到了很多非常有价值的定性建议。

> "现在已经不流行教科书或者工具手册了，你如果要写一本书让人能看下去，就要有一条清晰的主线，比如怎么把网站做出来，这样才能激发读者的兴趣。"
> "希望能够借鉴其他行业产品经理和发达国家互联网产品经理的一些经验。"
> "理论联系实际很重要，一定要有操作层面的东西，太空洞的话对我个人帮助不大。"
> "多引入一些负面案例会很有意思，我看《点石成金》的时候就是对负面案例印象最深刻。"

这些建议对我规划这本书起到了非常大的作用，直接影响了我的写作思路。如果没有这些前期的反馈，我可能会走很大一圈弯路，浪费很多时间和笔墨。

然后我开始用 Google Docs 在线写作，写作的过程中我邀请了很多朋友作为审阅者，并且在完成一章或者两章的时候就会发一封邮件提醒所有人查看最新章节。在这个过程中，他们给出了提高可读性、案例选取、内容侧重点等各方面的建议，甚至还提供了不少鲜活的第一手素材。在这些建议与素材之外，这些朋友还给了我写作的勇气和动力，他们让我认识到原来我还能系统地写点东西。

产品总是出现莫名奇妙的问题怎么办？

我家里有一个电动汽车玩具，一天我正在看电视，茶几上的这个汽车玩具忽然自己启动了，闪着灯摔到了地板上。这并不是灵异事件，我捡起它之后发现原来开关没有完全关好，处于开与关之间，可能是某些轻微的震动令这个处于不稳定状态的开关变成了开的状态，从而启动了玩具汽车。一个网站能够正常工作需硬件、软件、运维、线路等很多环节的整体配合，比玩具汽车所需的电池、开关、电动机复杂得多，相应地，出错概率也大得多。

及时发现问题，及时处理，将服务中断的时间缩到最短，是非常重要的。推荐使用监控宝（参见图 2-7-3），它可以监控服务是否可以正常访问，也可以自定义很多监控项目，当网站出现问题时，它会自动向运营人员发报警短信或邮件。

▲ 图 2-7-3　使用监控宝进行监控

测试驱动研发（Test-Driven Development，TDD）可以预防这种情况的发生。TDD 是一种敏捷开发思想，既然所有的功能点都需要测试，而且是反复测试，为什么不把测试工作提到最前面并自动化呢？TDD 要求在写任何功能代码之前，先写好它的测试代码，以保证所有的功能点都被自动化测试所覆盖。

如果只是研发出了产品功能，但是对其测试不充分，这个功能就附着了测试债务，并且随着时间推移，测试债务会越隐藏越深，偿还成本会越来越高。TDD正是从一开始就解决测试债务的方法，当产品变得很庞大的时候，TDD依然可以快速有效地检测各个功能点，这对于没有运用TDD的产品来说是一项不可能完成的任务。

从研发驱动测试到测试驱动研发，是一个巨大的转变，其中涉及研发流程、测试人员的编程能力、研发平台对自动化测试的支持程度等环节，而且，在测试驱动研发出现之前，那么多研发驱动测试的产品也获得了成功，所有这些因素都影响了TDD的普及。如果你的产品总是出现无法定位的奇怪问题，那么应该要考虑一下转用TDD了，当然，最终的决策权在测试经理或研发经理。

最后，回到整个产品的层面，我们来看看检查应该注意些什么：

▶ 用户对产品的核心概念是否了解，是否接受？

▶ 图纸是否覆盖了核心概念？是否在核心概念之外设计了太多东西？

▶ 用户对图纸（虚拟功能、虚拟体验）怎么看？

▶ 项目结果与图纸是否相符？是否进行了全面的测试？

▶ 用户对项目阶段性的结果（功能、体验）怎么看？

▶ 是否形成了用户任务的闭环？

▶ 是否存在流失率超高的任务节点（比如注册）？

这几个环节是产品经理要在第一线亲自确认的，不能因为有测试同事参与就撒手不管，再强调一下，不要忘记自己是产品的利益相关者。列表中的最后一个环节，就涉及了定量的问题，定量这块的内容比较多，我们接下来用一整节讲讲。

0.2.8　网站分析

终于，经历了研发和测试后，网站可以正式上线了。和网站一起上线的，应该还有网站分析（Web Analytics）系统（如果你的产品是客户端类的，本节所介绍的思路可以通用，但分析工具会有一定的差别），它是衔接产品研发项目与产品运营阶段的重要环节，是我们观察产品运营情况的眼睛和耳朵，可以帮助我们对执行结果进行定量的检查。

网站分析通过对用户行为进行研究，为网站改进提供决策依据。基于这个目的，网站分析应遵循如下两大原则。

- 原则一：可行动。别只是为分析而分析，要为改进而分析，网站分析的最终目的是促进网站的改进。

- 原则二：以用户为中心。每个用户都是独特的，把所有用户的行为融合在一起去分析，得到的结果很难说会对哪个具体的用户有帮助，或者对哪类用户有帮助。网站分析的本质是要搞清楚：用户"们"的目的是什么？这些目的能达成吗？没有达成的原因在哪里？搞清楚这些问题，我们就找到了网站的改进空间。

"我的网站还不够成熟，没有必要这么早投入精力做分析吧？"

这个问题是不是可以类比为，我的军队规模还不够大，没有必要每天清点人数和装备吧？在战场上，不论军队大小，指挥官每隔几个小时甚至每隔几分钟都要了解自己队伍的状况。在没有硝烟的互联网战场上，时时刻刻了解自己同样是至关重要的。

1999 年，在风险投资家们集体沉默的时候，刘晓松毅然向腾讯投了第一笔钱，这不仅仅是出于对马化腾的信任，"马化腾带我去参观他们的公司，虽然规模很小，只有 10 个员工左右，但他们的网络后台对用户的每一个动作都有记录和分析，这在当时很难得，由此可见他们对事业的发展是有长远规划的。"

俗话说得好，"磨刀不误砍柴工"，网站分析并不是一件投入很大的事情，却能带来极高的产出，何乐而不为呢？

如何着手进行网站分析呢？

我们需要借助于网站分析系统，它是进行网站分析工作的必备工具，属于技术架构中的辅助系统。我们可以通过研发或购买方式获得分析系统，也有免费的系统可以直接使用，比如 Google Analytics 和百度统计，它们同时支持网站分析和移动应用分析，移动应用分析方面，还有 Flurry 和友盟也很专业，这四个系统都是免费的。在网页中嵌入一段 Google Analytics 的脚本就可以看到网站数据了（如图 2-8-1）。

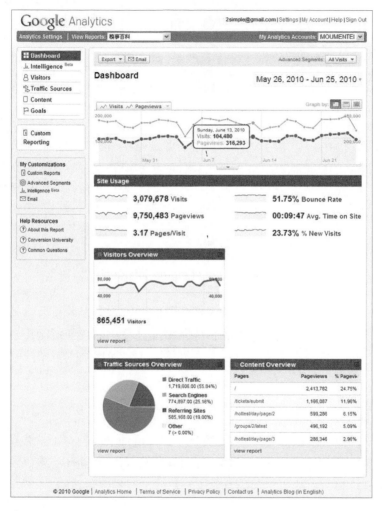

▲ 图 2-8-1　Google Analytics

这种在网页中嵌入脚本进行分析的方法叫做页面标记法（Page Tagging），还有一种方法是用软件直接分析网站的日志文件，叫做日志分析法（Logfile Analysis），这两种方法是按数据的获取方式划分的，它们可以混合使用，效果叠加。日志分析法的好处是不需要改动网页，并且有日志作为最原始的数据，可以随时更换分析软件。

我们已经了解了网站分析的目的及所需的工具，接下来看看网站分析到底要进行哪些具体工作。

建立并维护业务数据模型

网站的数据变化是由用户的行为引起的，一个用户完成了注册，网站的注册用户数就增加了 1，两者之间有因果关系，所以我们可以建立一套业务数据模型，把网站的重要指标性数据和用户行为联系起来。有了这套数据模型，当数据发生波动之后，我们就可以快速定位到用户行为的变化，进而确定如何行动。

比如糗事百科的日流量下降了。根据预先设定好的模型

日流量 = 日访问用户数 x 平均浏览网页数

平均浏览网页数没有变化，降低是由于日访问用户数引起的，而

日访问用户数 = 来自推荐网站的用户数 + 来自搜索引擎的用户数 + 直接访问用户数（参见图 2-8-2）

⬆ 图 2-8-2　糗事百科的流量来源

通过与历史数据的对比，我们发现来自搜索引擎的用户数减少了，其他两个来源没有变化。进一步分析发现，搜索引擎中百度带来的用户减少了。再进一步分析，用户在百度搜索的关键字中，"糗事"所带来用户减少了。然后我们打开百度搜索"糗事"进行验证，发现其他网站排在了前面，糗事百科的排名下降了，那么我们需要针对"糗事"这个关键字进行搜索引擎优化，提升排名，从而提升日访问用户数。

如果使用 Google Analytics 这样的分析系统，可以直接用到它内置的最常见的网站数据模型，通过这些数据我们可以直接进行流量来源分析或 用户设备分析。对于产品的特有指标及模型，现成的网站分析系统通常覆盖不到，Google Analytics 就无法分析糗事百科的注册用户数和注册来源。

建立自己产品的特有指标

保持内容真实好笑，是糗事百科的运营重点。相对来说，好笑可以通过用户对糗事的投票大体估算出来，而真实与否则很难界定。每个糗事都有好笑和不好笑两个投票选项，通过这两个投票的结果可以计算每个糗事的好笑率，好笑率 = 好笑得票数 / （好笑得票数 + 不好笑得票数）。糗事是按照好笑率（严格来说是好笑率的置信区间下限）从高到低排序的，用户每次浏览通常看 80 条糗事，我们就通过监控第 80 条糗事的好笑率来判断内容质量的大体情况。

用户的需求和行为以及产品都是在不断变化的，业务数据模型也要跟上变化的脚步，做出相应的变化。我们需要定期审视业务数据模型，对它进行修改和完善，同时也要更新网站分析系统反应数据模型的变化。

对产品更新、营销活动等进行专项验证，评估效果，总结经验

用户使用产品的方式是否遵循我们的设计方案？我们所投放的广告是否有效？获取一个有效用户的广告成本是多少？这些问题都需要从数据上验证。根据 PDCA 的思想，我们在提出一个产品需求的时候，需要配合测试用例，用来检验产品需求最终是否被正确实现；同样，我们在制定产品更新计划和营销计划时，也需要给出这些计划预计达到的数据指标和验证方法，以便检验这些工作是否达到了预期的效果。

比如我们提出一个允许用户上传头像的需求，同时也要考虑如果实现了这个功能，会有多少用户使用它。假设我们的目标是在 30 天内有 40% 的活跃用户上传头像，验证方法是记录上传过头像的用户数，然后与同期的活跃用户相比。为了达到这个目标，可能需要给予用户一些上传头像的指引和奖励，这样的预估也便于我们发现非研发成本所在。

在评估营销效果的时候，为了能够有效地分辨出哪些是受营销活动影响的用户，我们需要使用一些技术手段对这部分用户进行染色。常用的方法是在营销活动的链接中增加一个染色标签，比如 http://www.qiushibaike.com/?from=hao123，用户点击这样的链接进入网站之后，我们把 hao123 这个标签标注在用户身份上，后续就可以跟踪这些用户的行为了。无线服务提供商（SP, Service

Provider）非常熟悉染色的方法，它们利用电视广告、网络广告等很多广告渠道进行营销，并且有一套分析系统评估各个渠道的收益和成本，快速淘汰效果不佳的渠道，保证自身的利润。网页游戏流行之后，不少 SP 转型成了网页游戏运营商，还是通过染色追踪不同广告渠道过来的用户在游戏中的花销，这个方法是它们的核心竞争力之一。

经过这样的 PDCA 迭代，我们对行动的考虑就会越来越充分，换句话说，会变成越来越靠谱的产品经理。

监护产品的健康情况，确保产品完成 KPI

从监护的角度来看，网站分析系统很像是医院里面的生命体征监护仪，不间断地监护着产品的血压、血氧、呼吸、心跳、体温等生命参数。在业务数据模型中，有一些相对关键的指标可以反映出网站的经营状况，比如日收入和日活跃用户数，它们被称之为关键绩效指标（Key Performance Indicators，KPI），老板会通过考核这些指标来评估产品的运营状况。

一些产品团队为了向老板提交 KPI 相关的数据和图表，拿着其他产品的分析报告照葫芦画瓢弄出来一份，看起来像模像样，而实际上并不是针对用户行为进行研究，也没有为网站改进提供决策。这种为了分析而分析的情况最好不要出现，同样都是要花时间，不如真正做一些对网站有帮助的分析。

对产品的关键指标进行预测，为商业计划提供数据支持

参与年度商业计划的制定是产品经理的一项阶段性工作，年度商业计划中的收入预期和成本需求（人力、服务器、带宽等）不是拍脑袋拍出的，是靠业务数据模型和历史数据推测出来的。以广告收入估算为例，我们的业务数据模型是

建立你的产品的 KPI 预测模型，并通过电子表格预测未来的数字。如果你没有自己的产品，用电子表格预测一下你未来十二个月的收入和支出。

月广告收入 = 月浏览量 x 每次网页展示的广告单价

假设每月浏览量增长 5%（根据历史数据或标杆产品的数据得出的经验数字），每次网页展示的广告单价不变。将历史数据放入这个模型，我们就可以用电子表格推算出未来的数据（蓝色数字

为 KPI，红色数字为收入预测，黑色数字为实际收入），如表 2-8-1 所示。

表 2-8-1　广告收入预测表

月收入	1月	2月	3月	4月	5月	6月	7月	8月	9月	10月	11月	12月
KPI	1800	1980	2178	2396	2635	2899	3189	3508	3858	4244	4669	5136
1月	1921	2132	2367	2627	2916	3237	3593	3988	4427	4914	5455	6055
2月	1921	2110	2342	2600	2886	3203	3555	3947	4381	4863	5397	5991
3月	1921	2110	2300	2548	2824	3129	3466	3841	4256	4715	5225	5789
4月	1921	2110	2300	2610	2892	3204	3550	3934	4359	4829	5351	5929
5月	1921	2110	2300	2610	2910	3227	3579	3969	4402	4881	5414	6004
6月	1921	2110	2300	2610	2910	3229	3581	3971	4404	4884	5417	6007
7月	1921	2110	2300	2610	2910	3229	3587	3978	4412	4892	5426	6017
8月	1921	2110	2300	2610	2910	3229	3587	3976	4409	4890	5423	6014
9月	1921	2110	2300	2610	2910	3229	3587	3976	4413	4894	5427	6019
10月	1921	2110	2300	2610	2910	3229	3587	3976	4413	4910	5445	6039
11月	1921	2110	2300	2610	2910	3229	3587	3976	4413	4910	5448	6042
12月	1921	2110	2300	2610	2910	3229	3587	3976	4413	4910	5448	6047

这个表格的使用方法是，每个月的月初将实际数字更新到它所属的一排上，然后在这一排的后面预测以后每个月的数字。这样一排一排地进行更新，当一年结束的时候，整个表格就被实际数字填满了。如果真实数字或预测数字低于 KPI，那就要想办法去拉动这些数字了，我们会在下一节中介绍对产品进行拉动的一些方法。

在进行网站分析的时候，有什么通用的方法吗？

第一个方法是细分。过多地关注整体数字是没有意义的，每天盯着 PV 并不能把 PV 盯上去（《精益创业》中称之为虚荣指标）。产品经理需要关注影响 PV 的可行动的数据，只有这样才能找到可以改进的具体的点，然后通过点的改进最终影响整体数据。比如网站上有一个注册页面，用户到达了这个注册页面却没有一个人注册成功（这个情况有点极端，但有时候的确会发生，特别是在系统升级的时候），我们就可以知道注册页面一定出了什么问题，导致用户无法完成注册任务，需要赶紧疏通。网站分析可以帮助产品经理发现问题，要做到解决问题，还需要产品经理开动脑筋对问题进行分析，了解问题背后的本质。前面我们讲到的染色，也是一种细分的方法。

越优化数据越差？

2009 年，Youtube 程序员 Chris Zacharias 接到一个需求，把 1.2M 的视频播放页面精简到 100K 以下，他给这个项目取了个名字叫 Feather。在废了九牛二虎之力后，这个看似不可能的任务完成了，视频播放页面变成了 98K。但是经过一周的数据采集，一个摧毁 Zacharias 世界观的结果出现了，视频载入时间变长了！正在 Zacharias 准备放弃 Feather 的时候，他的同事找到了答案：地理分布。

按照地理细分来看，东南亚、南非、南美等地区的流量有了不成比例的增长，这些地区基于 Feather 的加载时间在 2 分钟以上，正是这些新增用户拉高了全球平均视频载入时间。为什么呢？从页面大小来推测加载时间的话，原先这些地区的用户打开网页 20 分钟后才开始加载视频，用户根本不会等这么久，没开始加载视频的时候就关闭了页面，是 Feather 第一次让这些用户看到了 Youtube 的视频。

———————————

摘自 http://blog.chriszacharias.com/page-weight-matters

第二个方法是对比。孤立地看一个时间点的数据是没有价值的，要么结合历史数据看趋势，要么结合竞争对手的数据看表现，只有经过对比，数据才能告诉我们现在的情况究竟怎样。在对比中，我们经常会寻找标杆，比如业界的最佳实践是什么样的数据，我的产品历史上最高的增长率是多少，我国网民的增速是多少，等等，这些标杆可以帮助我们锁定一个明确的改进目标。

有一次我和 Tinyfool 聊天，说起了糗事百科的 Google AdSense 收入。我说，太少了，没关注。他说按照糗事百科的流量，收入应该可以负担网站的开支，你可以给每个广告位设定独立的 ID，更换一下广告形式多做测试，看看如何将收入最大化。他给了业界标杆之后我有了奔头。按照他说的细分的方法，我开始分析每个广告位的点击和收入，调整之后每月的广告收入增加了 300%，终于可以负担网站的托管费了。非常感谢 Tinyfool 的建议，他的建议让我在没有想过还有改进空间的地方多赚了 3 倍的广告费。

当我们面对一堆数据的时候，会有一种天然的抵触心理，"晕，大概看看就好了。"我想，这种抵触源自于对数据分析所带来的回报认知不足。为了体验 Google Adwords 广告系统，我曾经试着为糗事百科投放过 500 元钱的 Google

Adwords 广告。我的目标当然是投资回报率（Return on Investment，ROI）最高，希望能够获得尽可能多的用户，用户过来之后能够停留尽可能长的时间。于是我建立了两个系列的广告，分别给其设定了 50 元的限额，先投放一天做实验，第一系列是将用户引导到糗事百科的首页（网站介绍 +3 条糗事），第二系列是将用户引导到糗事百科的一周最糗页面（20 条糗事组成的列表）。通过 Google Analytics，我获得的数据是，第一系列用户进入网站后平均停留时间是 1 分钟，第二系列用户进入网站后平均停留时间是 3 分钟。我还发现不同关键字的平均点击价格不同，最贵的关键字"笑话"是 0.72 元一次点击，并且点击数很少，于是我停用了这个关键字。经过这样一系列琐碎的细分、对比，我的 500 元钱为糗事百科带来了尽可能多的用户，更重要的是，糗事百科将首页改版为直接显示 24 小时内最糗列表。

我们面对公司资源的时候容易有种错觉，认为公司资源都是公司买单，或者投资方买单，所以无需精打计算，可以"尽情"、"免费"使用。这并不是事实，资源总是有限的，浪费资源总要付出代价。

2005 年 9 月，博客网获得了包括软银赛富、GGV 在内的 4 家 VC 共 1000 万美元的投资后，方兴东喊出了"一年超新浪，两年上市"的狂热口号，仅用了半年时间，博客网就从三四十人迅速扩张到了三四百人，一度有 10 多个副总，3 个 CTO，60% ～ 70% 的资金都用在了工资上。但仅仅半年过后，千万美元资金就被挥霍殆尽。到 2006 年年底，博客网员工已经缩减到 40 多个人。到 2008 年 11 月，很多博客作者发现其博客网的博客站点已经无法打开，媒体也爆出方兴东因为拖欠员工四个多月的工资遭到员工围攻。

对我们来说也是一样，公司给我们"免费"的资源之后，如果我们挥霍无度，当公司重新评估各款产品的资源分配时，就会砍掉我们的资源甚至我们的产品。

产品运营状况简报

老板不希望产品团队是个黑盒子，老板希望产品团队是个水晶盒子，希望能够周期性地了解产品团队在想什么，在做什么，做出了哪些成绩。前一节中我们介绍过，基于网站分析结果的《产品运营状况简报》是产品团队和老板对话的重要桥梁。简报的汇报频率看老板管辖产品的多少而定。老板管理的产品少，可能是一周或者两周一次；老板如果日理万机，那就可能是一个月一次。

通常来说，《产品运营状况简报》包含两大块内容：KPI（关键绩效指标）完成情况及预测、产品计划与执行情况。

KPI 完成情况与预测

如果你的产品团队中有产品运营经理，准备这一部分内容理论上是他的份内工作。

前面我们说过，老板会通过 KPI 对产品进行数字化的管理，看几个关键的绩效指标是否在稳步朝着既定目标增长（或负增长，比如活跃外挂用户数），这种方式对老板来说非常高效，可以让他快速地了解多款产品的经营情况。

在简报的这一部分，一方面，我们要在简报中展示过去的成绩；另一方面，我们还要预测未来，告诉老板今年能不能有效完成计划。如果 KPI 出现特殊的波动，产品运营经理和产品经理需要及时分析原因寻找解决方案，要尽可能保证产品的平稳发展，同时需要应对老板的提问避免陷入被动。

引起波动的原因可能来自很多方面，比如产品功能的变化、产品运营的变化、用户周期性的行为改变（寒暑假、春节）、竞争产品的出现、社会热点的出现（奥运、国庆）、经济环境的变化（金融危机下广告主会削减开支）、政策的变化（游戏审核）、程序和服务器故障、网络故障（光缆被挖断），等等，其中一些原因是可以预测并且提前做好应对的，而另外一些则无法改变、只能被动接受。

产品计划与执行情况

第一部分 KPI 相关的内容只是帮助老板概览整款产品的运营状况，老板还希望能够更透明地看到产品团队在想什么和做什么，这些问题将在第二部分内容中解决。

产品经理需要向老板展示整款产品的功能规划以及路线图，营销经理需要向老板展示营销活动的规划和执行方案，然后介绍当前时间段产品计划的完成情况——哪些完成了，哪些在进行中，哪些取消了，已经完成的计划取得了什么成效，有没有数字上的体现，等等。

通过《产品运营状况简报》与老板建立周期性的良性沟通非常重要，这个沟通渠道可以帮助产品团队赢得老板的注意力，进而获得决策效率的提升和一些资源上的支持。同时，这也是产品经理进行自省的好工具，可以帮助我们梳理工作脉络，保持对产品的清晰认识。在产品团队内部，特别是对产品经理而言，每天都应该在心里完成一份简报。

0.2.9 拉动

现在产品发布了，也配备了网站分析系统，如何让更多的用户来使用，一定是你做梦都在考虑的问题。"这不是营销经理和渠道经理需要考虑的问题吗？"他们当然要考虑这个问题（如果你的产品团队中有这些工种的话），但他们是否充分了解如何拉动你的产品，是否关注到了所有可能的拉动手段？信任是建立在相互了解的基础上的，不妨读一读本章的内容再确定与他人的分工界限。

那么为什么这一节叫"拉动"而不是"营销"呢？营销是个很大的概念，包含前面所介绍的创建产品的部分，本节只想介绍如何让产品获得更多的用户，用拉动更贴切一些。

利用前面一节网站分析中介绍的细分方法，我们就可以将产品获取用户的方式分为两类：一类是利用平台进行拉动，另一类是利用口碑进行拉动。

平台拉动

入职腾讯后，我的导师 Punk（腾讯首位产品经理韩宇宙）给我上的第一堂课是，"到了咱们这个公司，关键的关键是怎么利用平台拉动。"这句话彻底改变了我的产品观。经过对平台拉动的反复思索和实践后，我总结出了下面这个公式。

$$平台\,A\,活跃用户数\,\times\,转化率\,A\,\times\,拉动时长\,A$$
$$+\,平台\,B\,活跃用户数\,\times\,转化率\,B\,\times\,拉动时长\,B$$
$$+\,\cdots\cdots$$
$$+\,平台\,Z\,活跃用户数\,\times\,转化率\,Z\,\times\,拉动时长\,Z$$

$$=\qquad 拉动进来的用户总数$$

拉动获得的用户数，与平台的活跃用户数、转化率以及拉动时长三个方面相关。在 0.2.2 节"过滤"中我们已经介绍过什么是平台——线上线下的媒体、SNS 社区、搜索引擎、即时通信、导航站、应用市场，都是平台，它们有大量的活跃用户，它们的活跃用户就是我们产品的潜在关注人群。新产品要获得用户，离不开各种平台的力量，不好好研究如何利用平台进行拉动，相当于输在了起跑线上。

转化率是由什么因素决定的？ 0.2.2 节中我们介绍了平台的展示面积会影响转化率，因为人类是视觉的动物，最容易受到图文的影响。还有其他因素在决定转化率吗？

第二个影响转化率的因素是平台用户和被拉动产品目标用户的重叠度。假设 Basecamp 是我们的产品，我们选取了 QQ 作为拉动平台，对全国的 QQ 用户投放广告，转化率肯定低得离谱。项目管理是个比较小众的需求，QQ 是国民级的平台，QQ 用户中只有很少一部分会对 Basecamp 的广告感兴趣。如果我们可以过滤出可能感兴趣的用户，只对他们投放广告（例如只对项目管理主题的 QQ 群投放广告），转化率肯定会大幅提升，广告花费则会大幅下降。

第三个影响转化率的因素是封闭体验。2005 年，我刚进入腾讯的时候，隔壁座位是负责 QQ 相册的 Doubleli。他每天不紧不慢的，却在几个月之内就完成了全年的 KPI，把 QQ 相册做成了中国流量最大的网络相册，这让刚入职的我感到压力很大。当时 QQ 相册的体验算不上业界一流，大家把它成功的秘诀总结为——点亮图标。鼠标悬停在 QQ 某个联系人上，会浮出一个 Tips，这个 Tips 的底边是一排用户开通的业务图标，当时的图标并不多，有会员、红钻、蓝钻、摄像头等，QQ 相册的图标是个蓝色的小相机，参见图 2-9-1。当时大家的共识是，用户以点亮图标为荣，所以这个图标有效拉动了 QQ 相册。

奇怪的是，并非所有扁担都能开花，点亮业务图标这招对拍拍（www.paipai.com）和搜搜（www.soso.com）就没什么效果，这种拉动方式所产生的转化率似乎与被拉动的产品有很大关系。在业界也可以看到更多的案例，微软利用 Windows 拉动了 IE，抢夺了 Netscape 的江山，却没有利用 IE 独霸互联网。可见在展示面积和用户重叠度之外，还存在对转化率影响很大的因素，我把这个因素总结为封闭体验（根据 Stigler 定律，这应该也不是我最早提出的）。

◀ 图 2-9-1　QQ2005 中会
展示用户的相册图标

如果用户使用 A 产品的体验叠加上使用 B 产品的体验，相对于使用 A 产品加 B
产品的竞品可以获得增值或低成本，那么我们可以说 A 产品和 B 产品的组合形
成了封闭体验。用户在网吧上网，网吧会借助自己的平台兜售香烟、饮料甚至
快餐给用户，这些东西不见得物美价廉，但用户走出网吧购买有时间成本，而
且会破坏连续性的体验（比如下游戏副本），所以网吧成功拉动了这些业务。如
果在网吧推销汽车，会怎么样？为什么 QQ 可以成功拉动 QQ 相册？因为 QQ
是一个用户对用户的交流平台，当一个用户想要了解另一个用户的时候，可以
看到的资料很单薄，QQ 相册相当于增强了用户的个人资料，满足了用户查看
其用户资料的需求，与 QQ 形成一个有机的整体，用户获得了增值的整合体验，
这才是 QQ 相册真正的成功要素。

为什么 Windows 可以成功拉动 IE？因为它们形成了封闭体验。用户想要浏览
网页，没有浏览器的话连下载浏览器都无法做到，所以 Windows 必须提供一款
默认的浏览器，如果默认的 IE 使用起来不错，用户就会一直使用下去。为什么
IE 没有让微软称霸互联网？因为 IE 只是互联网的通道，它无法与层出不穷的
互联网产品形成封闭体验，用户会自行选择最感兴趣的网站。

拉动时长主要受拉动手段和市场预算的影响。比如我们可以做一些搜索引擎优
化的工作，利用搜索平台拉动网站，拉动效果可以持续多年，且不会花费多少
市场预算；如果我们投放央视的电视广告，这种拉动就是按时长付费的，预算
越充足拉动时长就越长。从用户对拉动手段的认知情况来看，可以把拉动手段
大致分为三类：广告、植入和融合。

广告（Advertising）：用户可以明显感知"这是广告"的拉动手段，例如 Banner 广告、RichMedia 广告、网络视频播放前的视频广告、电视广告、户外广告等，用户在接受影响的同时，也感受到了产品的实力，因为他们知道广告是付费购买的。

网络广告的转化率相对于电视广告和户外广告等更容易量化评估，如果我们可以选择与自己产品用户重叠度高的媒体或通过定向手段过滤到想要触达的用户群，并且投放他们喜闻乐见的广告，就可以提升转化率。搜索关键字广告是精准捕捉目标用户的一种广告方式，糗事百科投放过"幽默"这个关键字，广告点击率为 1.96%，平均每次点击费用 0.27 元，如果是投放普通的展示广告，按照业界通常的数据，点击率会低于 0.1%，平均每次点击费用会大于 1.00 元。

广告能否变成一种持续性的拉动手段？好像我已经看了很多年的海飞丝电视广告了，广告能否持续投放，主要取决于 ROI。例如现在有一款网页游戏，通过广告获取一个用户的成本是 0.5 元，平均每个用户带来的收入是 1.2 元。当用户达到一定规模后，整体收入抵消掉公司运作成本还有一定的利润，只要持续投放广告可以保证持续的利润，广告就成为了一种持续性的拉动手段。

广告是强行展示给用户的，封闭体验是不是很差？其实广告投放是有考虑封闭体验这个因素的，比如世界杯比赛间隙，有啤酒广告和软饮料广告，广告中的产品是用户看球时期望使用的，广告的内容也和足球相关，这些广告与世界比赛形成了封闭体验。搜索关键字广告由于直接与用户的搜索目的相关，封闭体验强于普通展示广告，所以它的点击率更高，单次点击成本更低。

植入（Product placement）：让用户在不知不觉中受到影响并且隐约感觉到产品的实力。植入和广告的区别在于，植入是"偷偷地"影响用户，广告是明目张胆地影响用户。

2010 年春晚，牛莉在小品中穿了一件粉红色大衣（如图 2-9-2 所示），受到了网友的追捧，"牛莉同款"成了淘宝网的热门关键字，是成功植入的典范（如果是刻意进行拉动的话）。同样是春晚的小品，同样是想做植入，赵本山小品中的重度搜狐"植入"却遭到了网友的质疑，可能搜狐对偷偷影响观众这件事信心不足，非要让演员把搜狐品牌多念几遍，创新地使用了植入的方式明目张胆地影响观众，结果植入变成了劣质广告，用户感觉小品里面塞进了苍蝇。当我们确定要使用植入的时候，一定要把握好分寸，以用户猜不透这个产品出现在这里有没有花钱为界，如果用户能猜到肯定是花钱出现的，那就不是植入而是广告。

换季清货189元潮爆款2010春晚牛莉超有型桃粉色羊毛大衣　　举报此商品 | 无货举报

⬆ 图 2-9-2　穿 Prada 的牛莉

互联网上的植入有三种主要方式。第一种是把产品的入口放到平台中，使它看上去像是平台的一部分，例如在 QQ 面板上增加 QQ 邮箱的入口（如图 2-9-3 所示）。

◉ 图 2-9-3　QQ 面板上的 QQ 邮箱图片和
　　未读邮件数

第二种是把产品的品牌或展示放到某个内容中，通过内容在平台中的传播触达用户，例如软文和病毒视频。这种植入方式的关键在于创造用户价值，作为载体的内容知识性或趣味性一定要够强，有一篇名为《十大中国小众网站》的帖子流传得很广，糗事百科作为它介绍的一个小众网站得到了不少曝光机会，享受了一把"被植入"（因为这篇帖子不是糗事百科创造的）。当我们寻找内容载体的时候，一定要选择比自己的产品范畴更大（十个小众网站聚集在一起就有了知识性），同时又有一定封闭体验的内容（封闭体验太差很容易被看出来是花了钱的，进而被定性为恶心的广告），这样才能构成不着痕迹的植入。

带袖子的毯子是如何成功的

　　Snuggie 刚出品的 2008 年 8 月，它的电视购物广告（它自己的网站上也提供了这个广告的在线视频）就被人贴到 YouTube 上面传播，这则广告大约被 72 万名 YouTube 使用者观赏过，大家都啧啧称奇，竟然有这种"毛毯加上袖子"就来卖的产品，Snuggie 的广告变成了搞笑视频加植入。

更有趣的是 2009 年初的短片 The WTF Blanket，它是将官方的 Snuggie 视频广告重新剪接、配音，把广告中的"Snuggie"都改成了 "What the F* Blanket"，这个视频短片先在 CollegeHumor 上流传，后来还上了 CNN，这则改过的广告片总共吸引了约 300 万人观赏。

据报道，Snuggie 从 2008 年 8 月开卖，到 2009 年 2 月 16 日，已经卖出了 400 万件，以一件 20 美元计，创造了 8 000 万美元的营收规模。今天，Snuggie 已经成为一种流行文化，并且出现在了热门美剧 The Big Bang Theory 中，如图 2-9-4 所示。

◉ 图 2-9-4　Snuggie 和 Geek 很搭，而且很难猜出来它是否通过付费出现在节目中（摘自 http://chicago.timeout.com/articles/tv/74345/interview-withjohnny-galecki-of-the-big-bang-theory）

第三种植入方法是将产品的品牌或入口放到用户"身"上，他们在平台中活动的同时就传播了产品，譬如用户资料中的 QQ 相册业务图标，用户正在使用 QQ 拼音的状态展示，用户正在听的音乐等。如图 2-9-5 所示，用户头像上植入了 QQ 拼音的图标，签名档则植入了用户正在听的歌曲。

◉ 图 2-9-5　植入产品的品牌

很多产品都做到了在用户使用的同时进行植入，比如带 LOGO 的服装和汽车。IM 用户经常使用表情图进行表达，这让很多卡通形象找到了植入的机会，兔斯基就是利用表情图一夜成名（见图 2-9-6）。

▲图 2-9-6　兔斯基表情图

在用户"身"上叠加一些产品的使用信息，稍有不慎，就会暴露用户的个人隐私（老板通过 QQ 看到员工在工作时间玩游戏，后果可能很严重），这会极大地破坏平台的形象。此外，总有一些用户不喜欢这种植入，他们会投诉平台产品，要求  关闭业务图标或状态展示。因此，我们还需要提供给用户可以自行操作的开关，甚至做到让用户去主动开通，降低他们对植入的反感。

SEO 算一种植入吗？

在广告和植入之外，第三种拉动手段是**融合**（Fusion）：被拉动产品与平台融为一体，成为平台不可分割的一部分，用户从使用 A 平台变成了使用 A 平台 +B 产品。微软在辩护自己搭售 IE 的行为时说："IE 不仅是 Windows95 上运行的应用软件，而且属于操作系统的整合部件，IE 扩展了 Windows95 的现有部件，不能简单卸载。"可见融合不单单是拉动手段，也能在反垄断诉讼中发挥一定作用（不过 IE 最终还是被欧盟剥离了）。

我曾经在一次郊游的时候被晒伤了，需要涂一种药膏，早晚两次。我把药膏放到了床头，希望起床的时候能涂一次，睡觉之前能涂一次，结果放在床头之后就几乎没有涂过。起床之后第一件事情是上厕所，然后洗漱，这时候再回去拿药膏就嫌麻烦了；而睡觉的时候往往都很困了，也很容易忘记这个药膏。后来，我把药膏放到了牙膏旁边，早上刷牙的时候看到涂一次，晚上刷牙的时候看到涂一次，连续涂了一个星期，就把晒伤的皮肤涂好了。在这个场景中，牙膏是每天必须要访问两次的平台，药膏是需要被拉动的产品，药膏被放在牙膏旁边，使用牙膏变成了使用"牙膏＋药膏"，对于我个人的使用感受而言，这是一种融合。

QQ 秀和 QQ 是很好的融入案例，对于很多用户而言，QQ 秀是 QQ 不可分割的一部分。QQ 相册虽然一开始只是 QQ 上加了一个业务图标，看上去很像植入，但从用户获得的整体体验来说，已经形成了融合。QQ 空间与 QQ 的融合，则在具体的拉动手段上更进一步，两个产品的相互渗透异常紧密（见图 2-9-7）。

▲ 图 2-9-7　QQ 对话窗口中会显示对方 QQ 空间最新更新的内容，右侧是用户的 QQ 秀

融合带来的转化率自然最高，拉动时长自然最长，但是它对用户重叠度和封闭体验的要求也最高，通常来说平台还得是自家的才行。被拉动产品和平台不是主观上想融合就能融合的，如果用户重叠度低或封闭体验不够强，强扭的融合很可能导致用户离开平台。为了对付嚣张的流氓软件，我曾经使用过 360 安全卫士，没过多久它就开始推自家的 360 安全浏览器，在更新 360 安全卫士的时候一不小心就被安装了我不想要的浏览器（我甚至怀疑 360 安全卫士为了拉动自己的浏览器提升了软件更新频率），我不能接受这种安装层面的融合，只好卸载了 360 安全卫士。

有一些平台需要与其他产品或服务合作，才能提供完整的服务，比如淘宝需要很多卖家开店，iPhone 需要有人开发 App，聚合器需要有内容给用户订阅。周博通、Foxmail和后来的抓虾和鲜果等聚合器为了让用户明白聚合器到底能干什么，需要默认订阅一些内容让用户可以快速上手；糗事百科所提供的内容很简短，娱乐性很强，正好适合在聚合器的界面中阅读，于是成了它们默认帮用户订阅的内容。在聚合器市场发展的过程中，糗事百科并没有做过什么额外的事情，只是提供了 News Feed（消息来源）而已，却被聚合器们融合了进去，得到了和平台一起成长的机会，订阅数一路增长。类似的机会还有好几波，比如微博和草根大号、SNS 开放平台和 SNS 应用、应用市场和手机应用、微信和公共账号，等等。

针对我的产品，如何选取平台，如何确定拉动手段？

其实这个问题在概念过滤的阶段就需要考虑，容易拉动的概念比不容易拉动的概念有更大的潜在价值，为了让这本书读起来更流畅一些，我把它出现的位置后移到了这里。

我们可以分两步走，参见图 2-9-8。首先用大致的拉动成本过滤出可能的平台，比如我们现在是一家没多少钱的小公司，想要拉动一款餐饮点评类的产品，电视、户外广告牌这些平台都可直接排除了，搜索引擎、IM、视频网站、微博、SNS 等公共平台才是重点考虑对象，同时也要通过用户规模、展示面积、用户重叠度等条件对平台进行重要性排序。然后，从具体拉动手段的成本和封闭体验两个方面最终确定拉动手段及其优先级。

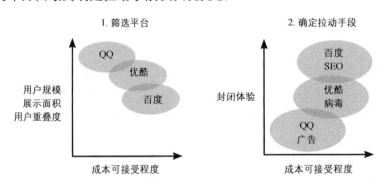

▲ 图 2-9-8　确定拉动手段的两部曲

如何设计出符合封闭体验的拉动手段？

请翻回 0.2.0 节"从概念开始"，拉动手段需要满足用户某方面的需求（例如用户希望看到 QQ 上联系人的照片），拉动手段的来源和概念的来源一样：受到现有产品的启发；出于自身需求或捕捉到了其他人的需求；预见用户需求的变化。我们在分析一款产品的时候，不要只盯着它本身，也要注意观察它使用了哪些拉动手段，这会给我们带来很多启发。

我已经拥有了平台产品，如何扩展产品线，变成多条腿走路的巨人？

首先，我们还是要用 0.2.2 节中的方法仔细过滤每个感兴趣的概念，在过滤的过程中加入拉动方面的分析，让容易被当前平台拉动的概念获得更高的优先级。比如我们现在的平台是 iPhone，我们在考虑要不要收购 Siri（一个基于自然语言识别的个人数字助理）时，除了分析 Siri 的用户价值和商业价值，还要分析 Siri 的用户群和 iPhone 的用户群重叠度大概有多少，两个产品之间能否形成封闭体验，然后还要进一步分析，如果要拉动 Siri，有什么样的拉动手段可用，成本能否接受，如图 2-9-9 所示。

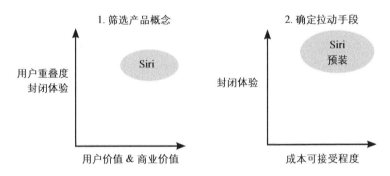

⬤ 图 2-9-9　平台扩展产品线时对拉动的考虑

在做《产品运营状况简报》的时候经常会发现这样一种情况，最近产品侧没有功能更新，平台拉动侧也没有新动作，产品的收入和活跃用户数却在增长。既然有增长，就要有相应的分析和解释，简报界对于这种增长给出了一个绝妙的解释——"自然增长"——最近没干啥，数据增长纯属自然增长。

深究的话可以发现，自然增长 = 持续性平台拉动 + 口碑拉动，持续性的广告、植入和融合会在"最近没干啥"的时候带来持续的增长，这部分增长是可以量化跟踪的，剩下一部分真正难以跟踪的增长是口碑拉动带来的。0.2.5 节中我们给出过一个调研统计数据，（非融合性）产品认知渠道中排名第一的是看到朋友在用（真实的使用行为是最强力的口碑），第二是网络广告，第三是朋友告诉，第一加第三是口碑拉动的总和，超过广告、植入等平台拉动手段，虽然难以量化，但从定性调研结果，口碑才是最强的拉动手段。

口碑拉动

《引爆流行》中的个别人物法则（The Law of Few）指出，发起流行潮的一个至关重要的因素是信息传播者的性格特点，内行、联系员、推销员这三类关键传播者制造并传播了口碑，最终引爆流行。

引爆流行开始于内行，先是内行发现了某款产品，使用之后印象深刻，开始向身边的朋友推荐，因为他们是内行，所以推荐得有理有据。内行身边的朋友可能包含联系员，联系员利用其庞大的人脉网络对这款产品进行广播。联系员的广播可能会触达推销员，推销员并不一定是销售从业人员，可能就是街道的张大妈，他们有超凡的亲和力和感染力，能够带动对这款产品本来兴趣不大的人群来尝试使用。在网络上，口碑信息化了，传播链条也变得更短，内行一般会将自己的推荐发表在博客或论坛上，新闻网站和搜索引擎扮演了联系员和推销员的角色将信息化的口碑送达用户。

我们没有办法去制造口碑，我们只能制造软文，嗅觉敏锐的用户可以快速地分辨出这两者的区别，软文不可能带来口碑那样的影响力。有效口碑的制造者是内行，他们知道什么东西好什么东西不好，知道什么流行、什么便宜，知道相关市场的各类资讯——至少比一般人知道的多得多，我们也经常称他们为高端用户。我们能做的，就是去打动内行，让他们为我们的产品制造口碑，甚至更进一步，让每个人都变成能制造口碑的内行。

形容自己的产品比竞争对手的好，不外乎一句古话："人无我有，人有我优。"在与腾讯的产品经理分享产品经验的时候，Pony 用现代语言将其阐述为硬指标（我优）和差异化（我有）。如果我们能把产品的硬指标和差异化做到位，说明白，让每个人都能知道我们的产品好在哪里，并且他们用了也确实觉得好用，口碑就会大面积出现。

有一次我电脑上的电源烧掉了，我想换个物美价廉的电源，于是搜索"电源 横向评测"（我对横向评测这个关键字有一种近乎偏执的喜好），找到了一篇非常详尽的对比评测文章。这篇文章让我了解了电源的工作原理和技术指标，告诉我如何计算需要的功率，还提供了各款电源的开膛照片、实测数据和价格，让我快速选到了合适的电源。这类横向评测的文章定义了我对内行的理解，也让我深刻理解了什么是硬指标。各种产品都会有一些硬指标——邮箱有容量、下载软件有下载速度，如果实在没有什么特殊的指标，启动速度也是指标，这些指标在内行面前是无法作假的，只有好好地改进产品把硬指标做上去，才能打动内行。

> 在设计和开发产品的时候要考虑到外部会将它与竞争对手（的产品）作（对比）评测，如播放能力、占用内存等。QQ 影音的核心性能和速度直接超越暴风影音，这样就能看到用户很多的好评和口碑。
>
> ——Pony

iPhone 4 将自己的新显示屏命名为"视网膜"显示屏（如图 2-9-10 所示，326 Pixels Per Inch），以显示其精细度超过了人眼视网膜的识别能力，这个说法通俗易懂，并且让人印象深刻。其实早在 2006 年，夏普的 904SH 手机就配备了比 Retina Display 精细度更高的显示屏（333 Pixels Per Inch），但是夏普只是用屏幕尺寸和分辨率来说明它的显示屏，这类硬指标需要真正的内行解读后才能传播。Retina Display 则是面向大众的硬指标宣传方式，降低了内行的门槛，让更多的人可以口碑自己。

Retina Display

The Retina display on iPhone 4 is the sharpest, most vibrant, highest-resolution phone screen ever, with four times the pixel count of previous iPhone models. In fact, the pixel density is so high that the human eye is unable to distinguish individual pixels. Which makes text amazingly crisp and images stunningly sharp.
Learn more about the Retina display ▸

⊛ 图 2-9-10　Apple.com 上的 Retina Display 介绍

在硬指标方面超越竞争对手还不够，我们还需要应用蓝海战略中的差异化策略，让口碑变得更加坚实。百度有网页快照，谷歌没有（本来有，由于各种原因导致其在国内约等于没有），这在竞争中带来了很大的优势，人无我有的差别，即便不是专家，也很容易看得出来。有一位朋友是做化学实验仪器的，在这个市场中，大家所提供的产品功能都差不多。他观察到市场上所有的产品都能用，同时又都很难用，用户体验都很差，于是带领产品团队致力于提升用户体验，申请了一些自动清洗之类的为用户提供便捷的专利，最终在同质化竞争中杀出重围，打造出了口碑。

QQ 邮箱本来是落后于竞争对手的，在访问速度、防病毒、防 SPAM、邮箱容量、附件大小等方面取得了硬指标的突破之后，又为用户提供了文件中转站、阅读空间等差异化功能，最终扭转了口碑，成为了中国用户数最多邮箱。

> 　　用户在评论 QQ 的时候总是说用 QQ 的唯一理由是传文件快、有群。这些就是我们的优势，那我们就要将优势发挥到极致。我们需要更加深入地去想，QQ 邮箱到底要不要做传输速度、做中转？离线传文件体现在电子邮箱就是中转站，超大文件也不难的，就是要去做。QQ 邮箱很快去做、去测试，用户使用的量也不一定大，但几个月用一次，口碑就来了。用户会说，我要传大文件，找了半天找不到可以传的地方，万般无奈之下用了"很烂"的 QQ 邮箱，居然行了。于是，我们的口碑就来了。
>
> ——Pony

品牌的作用

品牌就像是一种 tag（标签），它可以把用户关于产品的一切体验都集聚起来，当我们看到产品的 LOGO、名称、界面等元素的时候，能够通过品牌这个 tag 唤醒所有关于产品的体验。0.2.5 节"关注用户体验"中我们介绍过包装三要素，其中 LOGO 和"是什么"是给用户关于产品的体验打上 tag 的重要手段，"带来什么好处"是对用户的品牌承诺，让用户在使用产品之前就有了一定程度的预先体验。有趣的地方在于，我们可以把一些非产品体验也打上品牌 tag，和用户在产品中的真实体验聚集到一起，利用这个办法，可以实现基于品牌的差异化。

百事可乐在广告中把自己的产品、LOGO 和体育明星、娱乐明星放在一起，当用户回忆起百事可乐这个品牌的时候，产品的体验和体育明星的动感以及娱乐明星的时尚都被唤醒了，形成了与可口可乐的差异化。百度曾经做过一个"百度更懂中文"的广告，给很多观众留下了百度在中文领域有差异化优势的感觉，其实它只是在广告中宣称自己更懂中文，并没有提供量化的横向评测数据，更懂中文这个形象是额外注入的。

互联网产品大多体验比较复杂，通过产品自身的体验已经形成了差异化，所以刻意注重品牌的产品不是很多。在产品体验同质化严重的产品领域，例如搜索、在线支付等，品牌的作用会更为凸显一些，百度和必应 bing 都有大手笔的品牌投入。除了大把花钱，我们还可以在产品中加入一些"额外"的体验，与其他产品形成差异化。

> "产品的特色是什么？你可以试想一下关车门的声音和感觉，有些车子就是会让人感到比较放心和可靠，但这一点不一定与车辆的基本工程结构有关。"
>
> ——Jonathan Ive（苹果公司高级设计副总裁）

0.2.10　持续更新

拉动能给产品带来大量的用户，如何留住这些用户呢？我在参加一次用户座谈会的时候，注意到了一个很有意思的现象——用户对产品的忠诚度与产品的更新频率有关。参加座谈会的用户来自几个同类产品，这些产品之间是有功能差异的，有的产品功能多一些，有的产品则功能少一些。每款产品的用户都试图证明自己的选择是对的，功能多的产品的用户得意洋洋，功能少的产品的用户也并没有叛变，他们说："我们使用的这款产品更新很快，这些功能近期都会有的。"虽然类似的观点领导或同事也提到过，但是由用户亲口说出来，令我印象深刻。

史玉柱在讲解网游开发的时候说过下面的话：

> 很多游戏的失败都集中在这"三关"上：一上来印象不好，玩家会走；缺乏细节的魅力和值得憧憬的体验，玩家不愿意继续尝试；玩了一段时间"审美疲劳"会无聊，这时候没有足够丰富的玩法吸引，玩家依然会流失。

图 2-10-1 是 GameDNA 发布的数据，对比了指环王 OL、无尽的任务 2 和魔兽世界这 3 款游戏在发布各自的资料片前后的活跃用户数（纵轴为 GameDNA 所有用户中登录过游戏的比例），可以看到资料片的推出对于延长游戏的生命周期起到了至关重要的作用。

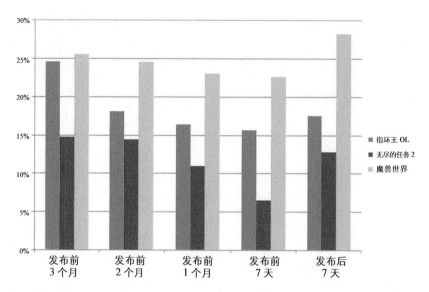

▲ 图 2-10-1　指环王 OL、无尽的任务 2 与魔兽世界的活跃用户数的对比（摘自 http://
blog.gamerdna.com/blog/2008/11/28/shall-i-compare-thee-to-another-launch-lotro-eq2-and-
wow-launch-expansions/）

将图 2-10-1 按照单款产品的生命周期重现出来，我们可以看到图 2-10-2，本来
已经开始衰退的产品，凭借更新又焕发出了新的生命周期。

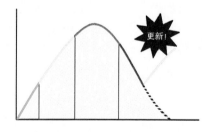

◀ 图 2-10-2　产品的生命周期

其他类型的互联网产品和网络游戏其实很类似，也需要过三关。通过"印象关"
和"体验关"需要有效的核心概念和良好的用户体验，通过"无聊关"则需要
保持产品的更新，最好可以找到一些能够源源不断地生成更新的功能，比如用
户生成内容、用户与用户之间的交流等。

Mark Goldenson 在关闭自己创建的 playcafe.com 之后总结道："如果允许一个
新手一次走两步，那么他就可以击败象棋大师。"（A chess novice can defeat a
master if moving twice each round.）在当今的激烈竞争中，敏捷开发对互联网产
品来说非常重要，但是，敏捷开发需要很多积累，并不是产品经理一个人就能
带动起来的，敏捷开发更多的是反映在研发流程上。经验丰富并且有产品感觉

的研发人员可以更快地理解需求并开始工作，资源丰富且扩展性好的技术平台可以通过更少的代码量实现 tag、搜索等功能，可以更快速平滑地发布新功能，也可以更灵活地调整网页界面。

Gmail 创建者和 AdSense 原型创建者 Paul Buchheit 在访谈中说："存储是个非常麻烦的问题。它还没有彻底解决。Google 要把不可靠的机器组合起来，拼成庞大的、可靠的存储系统。我们已经很接近这个目标了，但是创业者基本不可能直接使用它，至少不能免费使用。"你所在的公司可能没有 Google 这么好的基础和敏捷开发的经验，但是这些并不妨碍你成为一名敏捷开发的传道士。

跑得更快是我们的追求，持续更新是我们的目标。不管跑得快慢，持续更新都是可以实现的。需要注意的是，管理用户的期望至关重要。从用户的角度来讲，他对你的产品的期望有个理想水平，当然他也知道理想值很难达到，所以他还有一个适当水平，也就是他能够接受的底线，理想水平和适当水平之间，是用户的容忍区域。有一次我和同事去黄山旅游，上山之前导游和我们说，上山很累，而且山上由于物资匮乏，吃住都很贵，质量也没有山下好。等到我们上了山，发现也没多累，到了餐厅，吃的比山下还好，旅馆也比山下还好，所有人都暴满意。导游在上山之前的宣讲，只是为了降低我们期望的理想水平，当实际情况超出我们的理想水平之后，我们自然喜出望外。反过来看，如果一款产品总是宣称自己下一步的改进将会多么地具有革命性和跨时代，不断提高用户的期望，最后即便做到了 80 分，在用户心目中也只有 50 分。

当我们吃不准用户会做出何种反应的时候，最好能保留后续更新的权利。比如我们不太清楚用户对产品定价的接受范围，那就不要急着把定价说死，先给用户一个试用价看看效果，为以后的涨价或降价预留操作空间。

产品更新包括两个要素：一是更新本身，二是更新的频率。在这两个方面，都要管理用户的期望，不能在内容方面"放卫星"①，也不能把频率吹得太快，结果做不到会成天被用户催。以固定的频率进行更新对于保持用户的热情非常有效，在更新一些需要花费较长时间的重要功能的时候，穿插着更新一些小的功能以保证更新的频率，可以避免用户由于长时间没有看到更新而流失。有一些用户非常聪明，他们了解你的公司运作模式，当你的产品的更新频率降下来之后，他们会通过各种渠道询问你的产品是否要被公司砍掉了。

---

① "放卫星"来源于大跃进中各地浮夸风盛行，虚报夸大粮食产量等各行各业的虚假上报行为。现在泛指不切实际、吹牛皮、说大话、夸大声势。——编者注

网站类的产品随时都可以更新，这使得更新频率很容易控制。客户端类的产品更新后用户需要重新下载安装，就算有自动化的升级过程，也不可能每天都更新一次（"别让我烦"），更新之后如果发现问题，很难在短时间内修复，即便能快速推送一个补丁也会让用户觉得烦，所以客户端产品就走向了另一个极端，非常谨慎，几个月更新一个版本。客户端产品的更新不能太慢，一方面体验问题要及时修复，另一方面公司是通过运营月报来进行 KPI 考核的，如果不能一个月发布一个版本，产品就失去了影响 KPI 的能力，所以成熟的公司通常采用月版本的更新频率。

一个月的时间太短，搞不定一个版本，怎么办？堆积的需求太多，版本周期要延长，怎么办？其实这些问题和我们之前谈过的响应问题很相似，如果认为响应重要，给响应最高的优先权，就可以把响应做好，同样，如果认为月版本是对的，给月版本的时间盒（time-box）最高优先级，也可以把月版本做好。

时间盒是一种按照时间跨度来进行项目管理的方法，首先确定每个版本的周期，然后在周期允许的范围之内填充能够实现的设计需求。这个方法和敏捷开发中的 Sprint 类似，但更强调前后几个版本间的工作衔接。

比如我们每个月底都想交付 1 个版本，而 1 个版本的真正开发周期是 3 个月，那么我们先按照图 2-10-3 规划好时间盒，时间盒时间正好可以持续地相互衔接，产品经理完成了时间盒 1 的产品设计工作就直接转入时间盒 2 的设计，每个时间盒只完成可以交付的设计需求，月版本的更新节奏就实现了。

均匀的时间盒会遇到无法实现大需求的问题，请用 Excel 构建一个可持续更新的"大－小－小"月版本时间盒模式，其中大版本实现一些大的需求，每季度的第 1 个月交付，小版本用来完善大版本的体验或做一些小需求，每季度的后 2 个月分别交付。

	7 月	8 月	9 月	10 月	11 月
时间盒 1	产品设计	产品研发	测试交付		
时间盒 2		产品设计	产品研发	测试交付	
时间盒 3			产品设计	产品研发	测试交付

▲ 图 2-10-3　用时间盒的方法控制客户端产品的更新节奏

产品的更新包括功能更新、内容更新、热点事件应激反应等几类。原有功能的升级和发布新功能都属于功能更新，这也是用户感受最明显的更新。功能更新的概念一般来自于竞争对手和自己的用户，想要做好功能更新，一定要做好竞争情报和 CE 这两块基础工作，不要忘记你是在为用户服务。你有没有定期访谈自己的用户，你有没有定期访谈竞争对手的用户？有一次我跟一个竞争对手的忠实用户聊天，他说他很喜欢最近发布的一个新功能，但是对这个功能中的几个细节并不满意，当我动手添加类似功能的时候，我的起点就比竞争对手更高。

可以更新的产品功能很多，如何确定优先级？一位前辈曾经和我说过："没有取舍的思考是不够深入的。"经济学中有机会成本（opportunity cost）的概念，我们在做一些事情的时候，也是在放弃做其他事情的机会，这个放弃的机会的预期收益就是机会成本。对于确定优先级这类事情，我们考虑清楚每个更新的成本和收益，并在此基础上进行充分的取舍。

首先，把功能方面想做的更新按照硬指标和差异化分两类列好，如图 2-10-4 所示，虚线框是我们需要进行的更新；然后，分析每个更新的成本和效益，如图 2-10-5 所示。如果一个更新落在 A 象限，它的优先级就很高；如果落在 D 象限，优先级则很低。再次提醒，在评估成本的时候不要只看到研发相关成本，而忽略了非研发相关成本，这对排序结果影响会很大。当你快速地进行决策的时候，不妨多考虑一下这个决策的机会成本是什么，当然，也要避免陷入"想不清楚"的状态。能够生成更新的更新，比如 Diablo 游戏中的随机迷宫，或者 Facebook 的 News Feed，效益都是非常高的，要放入 A 象限或者 B 象限重点考虑。

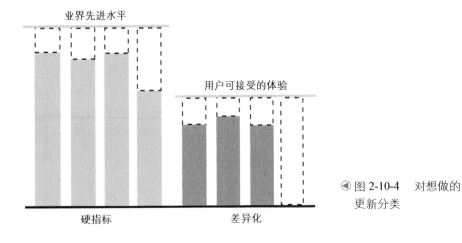

◀ 图 2-10-4　对想做的
更新分类

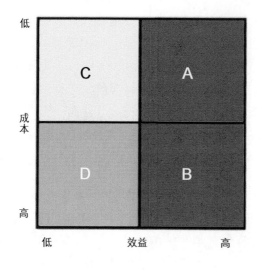

◀ 图 2-10-5　产品功能点的成本效益分析

"哦,明白了,ABCD,搞定。"很遗憾,事情远没有这么简单。有效的排序是建立在对效益和成本进行准确评估的基础上的,可能我们对成本比较有把握,但效益往往难以评估。苹果在 OS X 中引入 Aqua 界面的时候,骂声一片,用户认为风格变化太大了。但是没过多久,责骂就变成了追捧,最终证明了苹果对新界面的效益预期是正确的。所以,用户呼声最高的功能,在调查和测试中反响最好的功能,并不一定能产生很好的效益,反之亦然。

能不能用很低的成本对效益作出正确的评估?最小化可行产品又来了,*Inc.* 杂志讲述了 TPGTEX Label Solutions 公司运用最小化可行产品获得成功的故事。

　　TPGTEX Label Solutions 是一家专注于条码和标签业务的公司,它在每次开发一个新产品之前,都会先做一个"假的产品网页",这个网页会很正式地介绍新产品的特性、售价等信息,在用户看来完全是一个真实产品介绍的网页。接下来,TPGTEX 会花几百美元通过搜索引擎、自己公司的销售数据库和 LinkedIn 做拉动。如果没有人在网页上或打电话下单,TPGTEX 就不会生产这个产品,继续等待,一直等到对产品真正感兴趣的用户下单才开始正式生产。在这个过程中,TPGTEX 也积累了对拉动成本的一些分析。

　　摘自 http://www.inc.com/magazine/20091001/the-bootstrappers-guide-to-laun-ching-newproducts.html。

500WAN 彩票网在发展过程中，也是不自觉地运用最小化可行产品把握住了关键的更新节点。500WAN 最早只是一个面向球迷、足彩迷的足球资讯网站，网站创始人和网站用户很熟，经常在一起看球。有一天，一个用户出差不方便买彩票，就打电话给网站希望能够帮忙代买，网站这边就把用户要购买的彩票记在纸上，然后代买。后来这种人肉代购越做越大，500WAN 就把这个业务互联网产品化了，转型成了彩票网。随着业务的发展，出现了一些投入很大的用户，一次买很多彩票形成组合，提高自己的中奖率，投入小的用户就希望能够合买组合奖金平分。基于用户的需求，500WAN 将论坛进行了简单的改版，用论坛回贴记录合买订单，然后还是人肉处理，就这样又开始了合买业务。这两次重要的更新，都是经过最小化可行产品充分验证需求之后才逐步实现真正产品化的。

相对于用户能看到的棋面，产品经理是在下一整盘棋，有很多规划是用户并不了解的（出于管理用户期望的目的或者是向竞争对手保密的目的），所以用户对当前更新的理解只是从自己的视野出发的。用户曾经强烈要求我所负责的产品增加界面装扮功能，但我们决定先完成社区垃圾信息清理的相关工作再启动这项工作，因为良好的环境是用户使用的基础，而界面装扮只会让用户在可以使用的基础上更加满意。用户在参与一些概念测试的时候，往往不够深入，仅靠几分钟的体验给出的结论是经不起推敲的。我曾经用过一个 Firefox 拓展，它能在 Tab 切换的时候增加 3D 动画，效果很炫，我立即把它推荐给了很多朋友。两个小时后，我卸载了这个扩展，因为它让 Tab 切换的速度变慢了，很快动画效果也审美疲劳了。所以，在用户提出需求的时候，我们应当关注他们更深层次的、没有直接提出来的需求；当用户表示很满意或者很反感的时候，我们要确认自己的测试手段是否足够有效，不妨让他们用上两个星期再看。

有时候你的老板会作为"超级用户"向你提出一些需求，这种情况经常发生。让老板失望意味着什么，大家应该很清楚，但是面对这种情况，首先要保持冷静，老板并不能代替所有用户，他只是一名高端用户（或者低端用户）。如果他提出的是合理的需求，并且可以被快速地穿插到更新中发布，那么尽快向他呈现一个结果能够增强他对你的信任。如果他的需求与其他用户的需求背道而驰，或者不是当前阶段需要满足的，或者没有任何实际意义，一定要尽力去劝解。如果你的产品被来自各方的声音牵扯得支离破碎，核心概念已经面目全非，那么你还有信心保证这样的产品能够成功吗？当然，我不是说要把耳朵堵起来，在执行过程中不留任何弹性，毕竟，保持开放的心态是产品经理的基本素养。

但是，在兼听的同时，产品经理一定要清楚自己的底线在哪里，哪些地方可以有弹性，哪些地方要死守。日本电影《狗狗心事》中有这样一段没有底线所造成的悲剧。

一名有理想的广告策划师接到狗粮产品的广告任务，他的原始设想是：一身休闲装的明星白鸟美咲牵着狗愉快地散步，接着切换到给狗喂狗粮，同时对着镜头说："说到狗，它不但鼻子灵敏，连舌头也很敏锐。我的小罗宾，比我还要讲究。"然后是狗粮特写，最后是汪汪工厂的 LOGO 加汪汪两声音效结束。

这位广告策划师的主管说："我很喜欢白鸟美咲，既然用到她了，就应该展现她迷人的一面，平时不为人知的一面，譬如，冷艳性感。再加上伴歌伴舞，怎么样？"

迫于主管的压力，广告修改之后变成了：美艳装扮的美咲牵着狗愉快地散步，切换到室内镜头，喂狗粮的画面换成了抱着狗对着镜头的白鸟美咲以及她身后的一群伴舞……然后是狗粮特写，汪汪工厂的 LOGO 加汪汪两声音效结束。

汪汪工厂的领导在审核广告的时候说，基本概念这样就可以了，但是背景音乐方面，可以改用演歌吗？我们的总裁是演歌迷。接下来广告策划师联系白鸟美咲的经纪人，希望美咲能够出演广告。经纪人提出一定要让美咲更抢镜，美咲是模特出身，你要展现出她的体形，像这些遛狗、喂狗之类的镜头有必要吗？通通剪掉，换成美咲的特写。如果不同意，我们就无法合作。

二次送审，广告变成了：浑厚古朴的演歌背景音乐＋青春靓丽的美咲特写＋美咲后面一堆人伴舞＋汪汪工厂的 LOGO 加汪汪两声音效。对于没有任何狗的镜头的原因，广告策划师只好糊弄说，狗粮广告没有狗，是一个重大突破。

汪汪工厂的领导对这一版广告基本满意，但是希望能把狗粮中所有材料的名称都打出来，并且用特大号字。不要只是到了结尾才出现一堆小字，要从头到尾的特大号字。

最终，广告又被从头到尾覆盖了特大号的"国产牛肉"等字样，把美咲的画面挡了个严严实实，整个广告片无可救药地变成了一堆垃圾。

如何避免类似的悲剧在我们的工作中上演？如果老板或上级主管部门提出的需求真的超越了我们的底线，而又不得不做，那么该怎么办？据说古代有位建筑师设计了一个穹顶，他的老板看了之后总是感觉不放心，要求他在穹顶中间增加一根中柱，后来这个建筑师照办了，老板看到这根柱子之后很满意，其实中柱的高度比穹顶矮了一点，并没有真正接触到穹顶，起到支撑作用。这个故事告诉我们，必要的时候，使用障眼法是个方案。如果他们希望登录之后能够看到（或看不到）某些内容，针对他们的账号处理这些内容就好了，如果他们追问下来，可以告诉他们现在是灰度测试阶段，并不是所有用户都能享用这个更新，过一段时间，他们应该就会忘记灰度测试的事情了。如果他们有看每个功能点的运营数据的习惯，那这招就不灵了，既然他对数据感兴趣，我们可以做点真实的灰度，用数据说话。

你的网站可能会包含一些内容，比如专题活动、用户热帖等，在保证这些内容定期更新的同时，也要注意保证这些内容的质量，不要出现破窗。不知道你有没有被网监请去开会、喝茶、写检讨的经历，我认识的一些同事是专门负责信息安全问题的，与网监保持常年的接口关系。如果一些色情、政治相关的内容出现在用户的个人空间内，这还好说，如果出现在了整款产品的首页上，问题可就严重了。从其他用户的角度来看，这种破窗也会激发他们发表类似的内容，影响整个网站的氛围。所以首页内容的更新一定要严格把关，最好采用"关键字过滤＋先审后更新"的方式，宁可更新速度稍慢一点，也要保证内容的质量。

一些热点事件造成的风潮，有时候可以成就一款产品。百度贴吧在 2003 年底刚推出的时候并不火爆，据说百度还要花钱请人发帖（嗯，进行有诚意的示范）。2004 超级女声的全国热播让张含韵拥有了无数的粉丝，这些粉丝发现贴吧是一个很方便集合、交流的场所，贴吧就成了他们的追星乐园，并且也让大众发现了贴吧是个非常好用的产品。2005 年，玉米和凉粉们又把贴吧推向了一个新的高峰。对热点事件进行应激反应，一方面可以满足现有用户关注热点事件的需求（如图 2-10-6 所示），另外一方面也可以借助流行趋势来吸纳更多的用户，可以想象一下几大门户网站对奥运会和世界杯无动于衷会有什么结果。

◀ 图 2-10-6　李宇春登上《时代周刊》封面

更新产品是想提升用户忠诚度、扩展用户群，而在没有充足准备的情况下，这可能会变成灾难，我在工作中曾经碰到过由于更新之后涌入了太多的用户而导致服务器瘫痪的情况。在我们发布一个新功能的时候，并没有想到它会带来 5 倍甚至 10 倍的访问量提升，而这种情况真的发生了，服务器一下子就过载了，不但新用户进不来，原有用户也访问不了，即便用最快的速度增加了新的服务器，也在瞬间就被冲垮，最后我们想出一些办法让访问压力能够逐步进入，才恢复了服务。这个惨痛的经历体现了对流量进行预测的重要性，如果能够提前知会技术经理，做好充分的准备，就可以避免眼睁睁看着用户流失的局面。从技术层面来讲，在不能接受更多请求的时候，为保证现有用户能够正常访问而拒绝新用户的请求（类似于魔兽世界的排队），是一种值得采用的提前做好准备的优雅降级方案，这种保护机制可以避免整体的瘫痪。

0.2.11　优雅降级

很多人抱怨微软的 Office 软件太臃肿，说其实只保留 20% 的特性就可以满足 80% 的用户 80%，但 Joel Spolsky 说："那从来都不是同样的 20%。每个人都用到不同的功能。"所以，一款产品的用户越多，由于用户需求的多样性，它需要具备的特性就越多，那么这款产品对用户端的硬件设备、网络条件和服务器端的承载能力等多个方面的整体要求就越高，完整地运行所有特性就变得越困难。比如要完整地运行 QQ，需要有摄像头和麦克风，需要网络畅通，需要服务器端能够及时响应。要完整地运行星际争霸 2，需要有很强的 CPU 和很强的 3D

显卡，当然网络畅通、服务器能够即时响应也是必须的，如果 CPU 和显卡不够强大，就只能"缩水"运行，弱化或取消部分显示效果。

图 2-11-1　星际争霸 2 中可以对显示效果进行多项设置，以适应不同配置的电脑

产品经理在设计客户端产品的时候，通常会对用户端五花八门的硬件设备有所考虑，比如没摄像头的时候如何处理视频通话，显卡支持 3D 加速和物理加速的话要不要增加一些特效。在设计网站产品的时候，通常也会考虑屏幕分辨率、浏览器（不同的浏览器对 CSS 的解析效果会有一定差异，对 JavaScript 的支持也不太一样）、浏览器插件（Flash 等）的安装情况等因素，不然网站就无法正常使用。对产品运行环境进行分析，让产品在不健全的环境中通过有损运行的方式来保持部分核心体验的方法，就是优雅降级（graceful degradation，优雅降级的概念原本是应对灾难情况的，在这里我将其扩展为任何不健全的环境）。

通过产品的有损运行，提供更好的用户体验，先等等，这个逻辑是不是有点问题？

我们假设星际争霸 2 不能进行显示效果方面的设置，只提供一种"无损的"显示效果，低配置的用户进入游戏之后看到的必然是星际幻灯片。前面我们介绍过体验三要素，别让我等、别让我想、别让我烦，其中"别让我等"优先级最高，所以星际争霸 2 在低配置环境中应该先解决速度问题，在保障游戏运行速度的前提下考虑有哪些体验是可以被损失的。对资源消耗最大的显示效果是可以"有损"的，弱化或取消部分显示效果，换取正常的游戏速度，会给低配置用户带来更好的体验——虽然画面看上去没那么炫，但至少可玩了。

优雅降级的本质是取舍，产品保持可用和"别让我等"是必须坚持的底线，用户也愿意在这个前提下接受部分体验的损失。在访问 Gmail 的时候，如果网络状况不好，加载时间过长，Gmail 会提示用户使用基本 HTML 视图，见图2-11-2（主动提示用户，做到"别让我想"和"别让我烦"）。基本 HTML 视图虽然会损失操作效率，但是加载速度快，能够立即满足用户查看邮件的需求，再配合进度条的响应和友好的提示，用户能够理解问题在于网络故障而不在于Gmail，虽然操作效率有损但是会觉得 Gmail 很贴心。

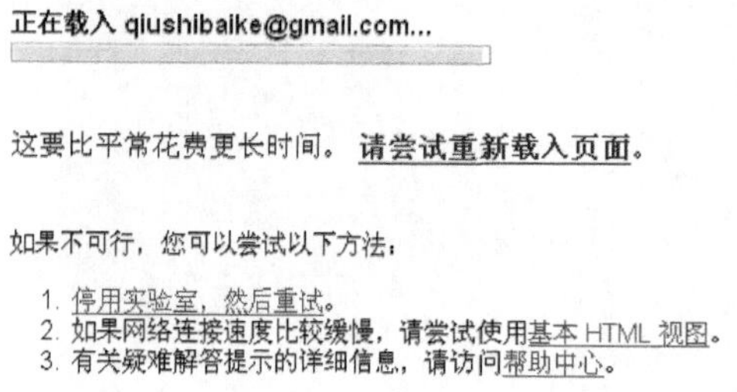

正在载入 qiushibaike@gmail.com...

这要比平常花费更长时间。**请尝试重新载入页面。**

如果不可行，您可以尝试以下方法：

1. 停用实验室，然后重试。
2. 如果网络连接速度比较缓慢，请尝试使用基本 HTML 视图。
3. 有关疑难解答提示的详细信息，请访问帮助中心。

▲ 图 2-11-2　Gmail 载入很慢时，会出现如上提示

在和产品经理们进行交流的时候会发现，很多产品经理都针对用户端的不同环境进行过优雅降级的优化，但是几乎没有产品经理针对网络和服务器端进行过优雅降级的优化。从业界的产品来看，像 Gmail 在网络状况异常的时候给予用户有损方案的做法属于凤毛麟角，绝大多数产品都是该慢就慢，卡死拉倒。优雅降级只在部分领域达到了普及，这是什么原因呢？

优雅降级是一种解决问题的方法，它可以让产品在各种稀奇古怪的环境中都能保持一定水准的体验，使用这个方法的前提是我们能够发现问题。相对来说，用户端的问题最容易被发现，产品经理和研发经理的屏幕分辨率可能都不同，再经过前辈的交流和总结，用户端的问题已经暴露得非常充分，接下来针对这些问题进行分析和解决也就顺理成章。网络和服务器端这两个环节距离产品设计比较远，产品经理往往把它们都默认为理想环境，觉得这些环节里面不会发生问题，发生问题也是技术经理的问题或不可抗力造成的，不是自己的问题，自然就失去了分析问题和解决问题的动力。

首先，没有什么理想环境。网络经常会被地震、施工挖断光缆等天灾人祸影响，租用的带宽消耗太快，扩容需要时间，服务器端的软硬件可能会出现故障，运维操作错误可能会引起故障，机房可能会停电，还可能会受到网络攻击或热点事件造成大量用户突然涌入等。所以，网络和服务器端不但不是理想环境，简

直可以用问题不断来形容。"那又怎么样，这都是技术问题和不可抗力，我只是产品经理啊"。我们到底是在做一份工作，还是在创造用户价值，改变世界？产品经理的心态应该是，如何解决这些问题，谁可以帮我一起解决。

接下来，设计优雅降级的细节。产品经理需要先列举出可能出现的运行环境，比如 QQ 对带宽的消耗超出预期，现有带宽已经无法承载晚上 8 点到 9 点的流量高峰，紧急扩容也需要几天时间，在这种情况下为所有 QQ 用户提供完整服务，会导致所有用户享受到的服务都不完整，登录缓慢、会话消息阻塞、语音聊天断断续续等问题都可能出现。针对这个运行环境，产品经理需要做细致的用户研究，用户可以接受哪些方面的损失，这些损失是否可以保证"别让我等"，同时又可以满足"别让我想"和"别让我烦"？在这个时段内禁止使用语音聊天可以有效降低带宽使用量，但是这个处理方法很难向用户解释，行不通。腾讯当时的做法是——在这个时段内，一台电脑只能登录一个 QQ，为当前用户提供完整体验，损失后台挂机用户的体验。

当我们针对多种运行环境制定了多套优雅降级策略之后，我们的产品虽然没有增加用户能够明确感知的新功能，但产品可用率和用户满意度肯定会有提升。当然，优雅降级是有产品设计成本和研发成本的，在用户规模不大的时候，优雅降级和其他用户能明确感知的新特性相比肯定属于更新排序中优先级比较低的，随着用户规模的增大，优雅降级的效益会增大，优先级就变高（见图 2-11-3）。

你在参加一个重要的会议，手机快没电了，而你又没带充电器，这时候你希望自己的手机用哪些方式来延长待机时间呢？

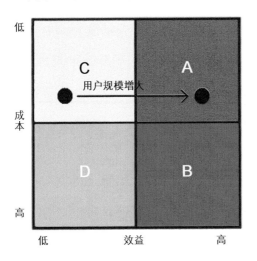

◀ 图 2-11-3　用户规模越大，优雅降级的优先级就越高

如果你要用自己的产品去改变世界，必然有一天会面对海量的用户，别忘了在更新列表中加入优雅降级相关的更新。

0.2.12　竞争情报

> "知己知彼者，百战不殆；不知彼而知己，一胜一负；不知己不知彼，每战必负。"
>
> ——《孙子兵法》谋攻篇

孙子老先生在 2500 年前就强调了情报在战争中的重要性，然而将情报运用于商业竞争并形成一套方法论却是最近几年的事情。信息革命让公司意识到五年一度或者一年一度的决策会议已经过时了，市场的瞬息万变要求业务评价和战略制定必须成为连续的过程，连续性的战略决策需要连续的信息流，竞争情报便应运而生。

竞争情报（competitive intelligence，CI）是研究任何能提升公司竞争力的因素的过程，其目标是促进公司内部的变革。

促进公司内部的变革，听起来是不是与网站分析定义中的为网站改进提供决策依据如出一辙？网站自身的情报也是竞争情报的一部分，竞争情报并不仅仅是研究竞争对手，"任何能提升公司竞争力的因素"自然也包括自己的产品和用户。

还记得我们在 0.2.2 节中讲到的内容吗？过滤工作就是一项竞争情报工作，过滤出来的结果就是需要老板或投资者拍板的 PPT。竞争情报工作贯穿产品经理工作的始终：概念的获得、过滤、获得投资、把概念变成图纸、对用户体验的追求、管理项目、沟通、检查与处理、网站分析、持续更新以及拉动，所有这些环节都需要竞争情报。

竞争情报需要研究哪些因素？

竞争对手信息

它们的创始人背景、公司沿革、财务状况、用户规模、组织结构、激励体系等。

通过研究竞争对手的产品，我们可以知道它们做到了什么，也可以猜到它们为什么要这么做、它们可能的核心概念是什么，却无法知道它们是如何做到的。经常有公司通过猎头把某款产品的产品经理、技术人员、项目经理、质量管理人员、运维人员整个挖走，就是为了完整地复制这款产品背后的组织结构和运作流程。

用户信息

用户的性别、年龄、地域、兴趣爱好等。

市场信息

某个市场目前的规模有多大，发展趋势是怎样的，份额是如何划分的，我们占到多少份额。

技术信息

竞争对手运用了什么新技术来提升用户体验、降低运营成本。作为产品经理，关注技术信息可能有点狗拿耗子的味道，但是技术上的差距可能会导致更高的成本和更低的利润，甚至还可能带来用户体验上无法逾越的鸿沟，产品经理需要把竞争情报的意识传递给技术团队。

产品信息

竞争对手的产品的核心概念是什么，流量分布是怎么样的，体验上有什么细节。我们的产品和竞争对手相比，有哪些优势和不足。

环境信息

环境可以分多个维度来看，比如社会环境和产品使用环境。社会环境包括政策法规、经济状况、城市化进程、家庭结构、工作模式等，这些因素对于产品的发展会有深远的影响。产品使用环境是微观的维度，通过关注用户在什么样的具体环境中可以为用户想得更多。QQ 盗号问题并不是 QQ 本身造成的，是盗号集团这种非法组织造成的，但绝大多数用户并不知道有盗号集团这种群体存在，他们只知道登录不了 QQ 这个问题很烦人。所以腾讯增加了查杀木马的功能，尽可能为用户提供一个安全的使用环境，如图 2-12-1 所示。

图 2-12-1　QQ 的查杀木马功能

制作一份新浪微博的竞争情报简报，包括竞争对手信息、用户信息、市场信息、技术信息、产品信息、环境信息等方面。

竞争情报需注意的基本原则

原则 1.　全景 > 精确

弄清楚研究对象是大象还是蚂蚁，比知道它的血型更重要。CI 强调连续的信息流，连续代表着信息会被不断刷新，所以，能够体现数量级即可。一家公司的老板命令一名经理提交一份市场份额的报告，这位经理忙了几个月，提交了一份精确到小数点后两位的市场份额报告，却被老板大骂了一顿。体现市场格局并不需要这么精确，浪费这么多时间和金钱在小数点上，最终得到报告的时候这些数据却已经过期了，这是何必呢？当然，这位老板也不对，他没有监控项目过程。

说到全景，很有必要再讲一下"画外看画"。孤立地看一款产品，很容易陷入0.1.2 节中讲到的软件下载站的困境。为什么我的下载站对用户来说不如以前重要了？只有跳出产品本身看看整个行业，看到下载方式的变迁和打包的软件正在变成在线应用时，才能回答这个问题。看一些关于互联网产业的整体报告，譬如 Mary Meeker 操刀的《中国互联网报告》和易观国际的《中国互联网增值服务年度报告》，对于获得中国互联网产业的全景非常有帮助。再跳一层，我们还可以看一些世界范围的产业报告，或者对比一下用户花在传统媒体和互联网上的时间，这对于我们理解自己的产品在互联网产业中的位置和发展趋势非常有帮助。

原则 2.　一手信息 > 二手信息

"我们的烦恼并不是我们懂得不够多，而是我们所知道的都不是事实的真相。"

——Josh Billings

二手信息是第三方加工过的信息，例如行业报告、译文、口头转述等，二手信息的问题在于加工的过程中可能引入谬误或者根本就是凭空捏造的。《北京商报》有一篇报道的标题是"日本在线销售规模将超实体店铺零售总额"，这很夸张，因为还没有哪个国家的在线销售规模能占到销售总额的 10%。查看日经原版新闻后发现，原本的标题是"通信销售市场（包括网络、电话、电视购物）超过了便利店或百货店，08 年超过 8 兆日元"（通販市場、コンビニ・百货店抜く 08 年度、8 兆円強に），在日语被翻译成中文之后，通信销售被狭义成了在线销售，便利店或百货店被曲解成了实体店总和。事实上 08 年日本便利店的销售额为 7.98 兆（万亿）日元，百货店销售额为 7.2 兆日元，两者相加已经超过通信销售市场的 8 兆日元，更别说实体店还包括超市等销售额更大的类型。

所谓一手，就是要亲自调查可靠的信息源，比如经过审计的财报原文、新闻报道的原始版本、竞争对手公司内部人士或上下游提供的经得起相互校验的情报、具有一定公信力的 Alexa 数据等。我在写这本书的过程中也是尽量去翻阅一手的资料，或者以 Wikipedia 为准，还自己动手做了一些实验，比如网页载入速度的实验。不要不屑于自己动手实验和调查，情报的真实性高于一切。

原则 3．多节点 > 单节点

一个人的关注领域是很有限的，能关注的情报来源也是有限的，如果能发动更多的人一起收集竞争情报，那么就可以达到更全面的效果。有时候我会把一份旧杂志拿出来翻翻，令我惊讶的是，这里面竟然有一半左右的内容是我之前几乎没看过的，这些内容非常有价值，我怎么会把它们漏掉呢？因为我的关注领域变了，比如以前我把电脑硬件相关的内容都略过了，因为觉得很枯燥，但是现在想要攒机，这些内容摇身一变就成了亮点。我们身边的同事和朋友可能有的关注商业模式，有的关注用户体验，有的关注海外市场，只有大家合作才能获得全面的情报，千万不要以为把竞争情报工作丢给某一个人全权负责就万事大吉了。

原则 4．人脑 > 电脑

电脑可以帮助我们对信息进行一些处理，但是要在信息中提炼和发展出可以影响决策的内容，离不开人脑的分析。比如我们看到一份数据，显示出手机浏览器产生的流量正在快速增长，这个情报怎样促进公司的变革呢？手机浏览器产生的流量快速增长，首先表明可以使用浏览器软件的手机正在增多，无线接入的速度也在变快。那么这些手机互联网用户都在访问什么网站？是专门针对手机开发的网站，还是互联网网站？其中占比最大的是什么类型的网站？是否与我们公司的业务契合？经过深入思考和相关情报的补充之后，一份进入手机浏览器市场的商业建议或者一份将公司网站针对手机浏览体验进行优化的建议就出炉了。

原则 5. 产品需求 > 个人爱好

关注情报的范围应该锁定在产品周围，不要掺杂过多的个人兴趣，这样会影响判断，也会浪费工作时间。人的时间精力有限，关注多种类型的情报，必然存在此消彼长的问题，导致不能有效深入到某个领域中。在我们进行产品细节规划的时候，或多或少会用到直觉，我们可以用直觉带来判断，但是一定要进行过滤式的思考，并且交给用户拍板。0.2.3 节中我们介绍了 Google 对 Picasa 首页进行测试的案例，直觉或者个人爱好告诉我们带图片的设计更好一些，但是用户用鼠标投票出来的结果却恰恰相反。

原则 6. 促进变革 > 精美的报告

不要忘记收集情报的最终目的，在 CI 的过程中确定自己要做什么并且动手去做才是最重要的，制作出一份精美的报告并不是 CI 的终点站。在我们整理情报的时候，必须作出判断，我们应该进攻、防御、原地不动，还是撤退。如果要行动，我们还要事先想好为什么这么做和怎么做。

5W1H 分析法

WHY — 为什么要这么做？原因是什么？

WHAT — 目的是什么？如何衡量？

WHERE — 针对什么地点？

WHEN — 什么时间完成？

WHO — 谁负责？还有谁参与？

HOW — 如何实施？需要多少资源？

可以通过哪些手段来获取竞争情报

进行有针对性的主动出击，可以通过搜索引擎在海量信息中检索，也可以利用一些第三方评测网站（例如 Alexa.com）的数据，还可以对相关人士进行访谈获取原始信息。焦点组和调查问卷等调研方法，也是常用的主动手段。此外，还有一些被动获取情报的手段，首先是网站分析系统，可以源源不断地提供网站自己的情报；通过聚合器（Google Reader 等）订阅一些关键字和 Feed，或者加入核心用户和业内人士的圈子（QQ 群或论坛），也可以被动地获取很多情报。

> 有一次我在博客上发表了一篇关于 QQ 邮箱的日志，QQ 邮箱的产品经理很快就联系到我，帮忙解决了我所遇到的问题，这种响应速度令我惊讶。他就是利用了聚合器追踪自己产品的相关关键字来及时获取相关情报的。如果你的情报比竞争对手更及时，你的产品动作比竞争对手更快，用户就会感觉到这是一个非常有活力的产品，他们会更忠实也更安心。

在这些手段中，访谈是非常有效但是却经常被忽视的手段，因为大家都认为面对面去刺探对方的情报太难了，被访者肯定非常警惕，什么都不愿意说。的确，访谈不同于同事之间的沟通，让对方在戒备之外透露情报需要运用以下 5 类技巧。

▷ **热情**。采访者越热情，被访者也越热情，提供更多情报的可能性就越大。

▷ **委婉**。不要直接问"产品是什么时候推出的"、"目前销售情况如何"等问题，被访者一般不会回答这类问题。

▷ **区间**。想获得一个量化结果的时候，可以采用区间法，"成千还是上万"。同事之间确定会议时间的时候也会经常用到区间这个技巧，"我们的会议是定在下午 3 点还是 4 点"，这会让对方陷入选择陷阱。

▷ **重复**。重复被访者说的话，等于把问题抛回给对方，很有可能获得更详细的说明。在 0.3.1 节中我们将介绍这种技巧，它同样是主动倾听的技巧之一。

▷ **启发**。设定一个问题，让被访者来纠正。

我们来看一个运用这 5 类技巧进行访谈的案例。

采访者 您好，我是×××公司的×××，我有一些关于贵公司×产品的问题想要请教，您能帮我吗？（热情。）

被访者 我尽量，请问是什么问题？（被访者被采访者的热情所感染。）

采访者 我跟一个推荐你们产品的朋友聊天，他说最近一直买不到这种产品。（启发。）

被访者 最近我们在产品稳定性上遇到了问题。（被访者面对非正面的问题时放松了警惕。）

采访者 产品稳定性？（重复。）

被访者 是的，我们发现质量控制指标的波动幅度很大。这些新添加的成分很难起作用。（重复可以让被访者说出脑海里已经想好但是憋住没说的部分。）

采访者 我明白了。您能在几周内解决这个问题吗？还是要等到年底？（区间。）

被访者 可能不会在近几周，不过我们会在6～8周内恢复正常运转。（区间会让人下意识地进行选择判断。）

采访者 还好只影响了一种产品，万幸。（委婉。）

被访者 这些新添加的成分已经影响到了其他产品。（委婉类似于启发和重复的混合体，效果叠加。）

如何把情报收集齐？

一次，我在公司内做完竞争情报的培训，有位同事提问："我们正好在做一个研究项目，想把一家公司的方方面面、里里外外摸个透，我们怎么才能知道自己是否把所有情报都收集齐了呢？"

《西游记》中有这样一段情节，唐僧一行取经归来时，路过通天河，由于忘记了老龟的嘱托，老龟一生气把唐僧一行掀到了河里。上岸后，他们只好把浸湿的经卷铺在石头上晒干。

孙悟空借用了列子的道家思想安慰唐僧，很多时候我们都在不自觉地扮演着唐僧，追求着完美、全面，却忘了自己真正想要做的是什么。比如选电脑、选车的时候，一开始是在圈定的价格范围内考虑，初定了一个目标之后发现不够完美，它并没有凝聚所有的尖端技术于一身，于是提升一个档次再选，几轮下来，发现"完美"得买不起（其实很多尖端技术根本是华而不实的销售卖点，所谓"完美"只是被卖家忽悠而已），早忘了自己原本只是要选个上网本或代步工具而已。

情报是否已经齐备，唯一的衡量标准是我们的研究目的。 比如我们想要提交一份数码照片管理软件的产品建议，筛选出市场上最成功的几个案例进行研究，进而判断我们可以满足哪类用户的哪些需求，有没有突破口，进入这个市场能够为公司带来什么利益，就可以了。是否遍历了市场上所有的同类产品，并不重要，因为总有一些不知名的产品或者刚刚出炉的新产品。

竞争情报如何生效

有两个输出方式可以促进公司的变革：产品团队内部可以决策的部分，直接融入《产品运营状况简报》中，作为后续计划的缘由转变为产品动作是最有效的办法；产品团队内部难以决策需要公司层面决策的部分，可以编写成 PPT 向老板宣讲，争取立项机会。

经过实践检验之后，我不太赞同将连续的竞争情报输入转变为《竞争情报双周报》之类的输出，因为这种处理方式乍看上去很重视竞争情报这块工作，实际上却是机械性地汇总转发，并没有直接推动产品变革。一旦形成习惯，只会让竞争情报流于表面。产品经理在整理竞争情报的时候有这样一份汇总的中间文档是可以的，但是这份文档本身并没有太多的价值，除非通过进一步的思考将它融入《产品运营状况简报》或变成向老板宣讲的 PPT（写出来就束之高阁的 PPT 是没价值的）。

Beta

个人修炼

0.3.0　面对逆境

逆境和顺境，是相对的概念。逆境不等于失败，当我们的产品处于高速增长的时候，增速放缓可能就意味着逆境，但这个时候距离产品生命的终点还很遥远，而且产品可能再次恢复高速增长。

高速增长可以掩盖很多问题，逆境则很容易让团队陷入迷惘和猜疑。技术同事指责产品同事瞎指挥走错了路，产品同事指责技术同事没有按时完成项目错过了市场机会。如果不及时采取一些措施，整个团队可能就会因丧失兴奋度而进入消极怠工的状态，这对产品来说才是真正的危机。

拿糗事百科来说，笼络一群喜欢分享糗事的用户是需要长时间积累的事情，而且很长一段时间内没有任何经济回报。在运营糗事百科的过程中，我经历过没人发帖自己到处找内容的阶段，租用的服务器被空间服务提供商擅自停掉服务的阶段，糗事百科在搜索引擎中消失的时候突然冒出来很多克隆网站的阶段，自己掏钱买服务器放在机房中托管的阶段，服务导致很多用户向我投诉的阶段，很多爬虫过来偷内容导致服务器过载的阶段，等等。这些情况都不足以导致糗事百科死亡，但是它们会让我想"要不要继续运营下去？"这个问题。在逆境中，人一旦放弃，产品立即就死亡了，只要不放弃，产品就有很大的可能挺过来。回头看看过去，曾经感觉像过山车一样的逆境早已变得平坦，不再值得一提。

所以，团队的兴奋度虽然难以量化，但并非虚无缥缈。当团队成员不愿意接受新的工作任务来进行产品改进的时候，兴奋度一定是出了问题。如果团队成员都帮着产品想各种点子，而且在验证成功之后兴高采烈并以更大的热情投入工作，兴奋度自然会保持在比较高的水平上。

如何保持团队的兴奋度，战胜逆境？

我认为有两个法宝可以用，第一个是正反馈，第二个是信念。

正反馈

团队中不会缺少负反馈，服务器出现了故障需要紧急处理，网络上出现了负面的用户口碑，老板对进度不满，对于团队来说，这些都是负反馈，这些问题都需要去面对和解决。在应对负反馈的时候，不要忽略了向团队传递正反馈。经过一段时间的埋头苦干，一个新功能终于发布了，在这个时候如果只是告诉团队成员"用户认为这个功能是狗屎",会对团队兴奋度造成极大的破坏。应该先把正面的反馈拿出来,比如日注册用户数增加了,有用户好评出现了,让团队得到成就感,然后再说"部分用户认为这个功能不太理想,具体原因是……其中两点问题我们需要在后续阶段进行改善。"只是换了个说法,团队的兴奋度就得到了保护甚至被激发。

Tony 经常说:"新产品要尽快接触用户,要接触到足够多的用户。"只有拥有了自己的用户群,产品团队才能获得来自用户的真实正反馈,也才会感受到海量用户所产生的负反馈压力,同时还能进行测试和 CE,一举多得。憋在产品团队内部的产品就好象被关在家里不让上幼儿园的小孩,智商的发展会停滞的。

正反馈拥有神奇的力量,甚至能让宅男追上爱马仕小姐。2004 年 3 月 14 日的晚上,一位日本网友在著名的 2ch BBS 的"独身男性版"(网友称之为"毒男版")留言,说他在电车(城铁)上救了一名被醉汉性骚扰的女性,并将后来的进展更新到 BBS,署名"电车男"。几天后,他搭救的女性写信答谢了电车男,并送了一对爱马仕茶杯,于是网友和电车男就称她为爱马仕小姐。由于电车男的御宅族性格使然,除了工作外,就是逛秋叶原以及沉浸在动漫的世界中,没有与女性交谈来往的经验,面对女性会害羞,因此他便向 2ch BBS 上的网友求援,网友纷纷献策,有的为他推荐发型师,有的推荐服装,有的提供约会攻略,并且为电车男加油打气。

一个多月后,电车男在网上留言,宣布成功追求到爱马仕小姐,网友纷纷为他送上祝福。这段青蛙王子的故事被出版成了图书,还被拍成了电视剧(参见图 3-0-1)和电影,如果没有这么多网友提供的正反馈,所有的人都告诉他"不要再做梦了宅男",还会有这段佳话吗?如果只有人向我抱怨服务不稳定、糗事没意思,没有人告诉我糗事给他带来了快乐,我想我早就放弃了。

◀ 图 3-0-1　日剧《电车男》

我也见过另外一种极端，一些团队成天"放卫星"，不断地制造"正反馈"，根本没做过的事情都被吹得很成功。这样的事情在今天这个商业社会中最好别再上演了，光有兴奋度而不能正视自己是非常可怕的——"不知己不知彼，每战必负"。

制造真正的正反馈，最重要是做对事情，赢得用户好评，保证产品各项运营指标的上升或平稳。向研发团队提交正式的需求之前，应该仔细想好这份需求是否真的有效，千万不要随随便便将需求丢给研发同事。对于不太确定的需求，最好先进行低成本的实验，通过数据判断出正确的方向后再往下走，不要等到付出很大代价之后再宣布更换其他方案。

有时候产品经理并没有往"错"的方向走，只是走错了时间，提早实施了一些过于超前的需求，这样也不会带来正反馈，因为这些超前的需求并不是用户当下所关注的。产品经理可以提前做好规划，想好用户规模达到几百万、PV 达到几千万的时候应该怎么办，但是，不应该过早着手实施。这样做一方面对完成当前阶段的 KPI 没有太大帮助，机会成本太高；另一方面也不会收到用户的正反馈，这会破坏团队的兴奋度，降低大家的工作效率。时间是产品经理最宝贵的资源之一，不要挥霍这个资源。

此外，要注意发现和收集正反馈。用户的认可、运营数据的变化不会自动跳出来，需要产品经理去捕捉，带回来分享给团队。腾讯在某款产品实现重大突破的时候会举办酒会，这是一种很好的正反馈形式。

回想一下你最近接收到的正反馈和负反馈，以及你最近输出的正反馈和负反馈。

坚定的信念

榜样的力量是无穷的，作为产品的灵魂人物，面对逆境的时候如果你能保持积极乐观的态度，那么团队也会被你所感染；如果你表现出自我否定或者沮丧，团队的兴奋度就会像通红的炭火掉入水中，即刻化作一缕轻烟。帮助团队渡过逆境，需要你保持信念，并且在团队中传播自己的信念。

信念从哪里来？很多有经验的人说，不要为了钱去做一些事情，因为那样是不会成功的。在我经历过一系列逆境之后，我将这句话解读为，不要把信念建立在赚钱上，因为这样的信念很容易被逆境摧毁，从而导致事业的失败。电视剧

《潜伏》中，共产党在策反余则成的时候说，你不要因为女人而加入我们，你一定要为更崇高的信念而战斗。女人在战争中牺牲了怎么办，女人被国民党绑架了怎么办，余则成还会战斗下去吗？如果想着赚钱，其实赚钱的方法有很多，得到钱之后怎么办？把信念建立在金钱美女之上是脆弱的，更坚实的信念来自哪里呢？乔布斯曾经用一句话震撼了斯卡利的心灵："你是想卖苏打水度过余生，还是希望能有机会改变世界？"对人类的关怀是信念的稳固基石。退一步，信念可以来自于对用户的关怀。是的，我们又回到了起点，创造用户价值。

如果我只是想着赚钱，也许在某个逆境中我就放弃了，因为与其投精力在一个五六年都看不到赚钱希望的地方还不如去研究投资。当然，我也不是一开始就建立了创造用户价值的信念，其实我在建立信念之前一直觉得"不为钱工作"这种说法是包装和忽悠。和很多创业项目不同，糗百最初只是我和朋友实践 2.0 思想的试验田，慢慢用户多了，用户的关注和投诉变成了一种责任感。有一位白血病患者在病房中发表反馈说糗百给他带来了快乐，他让我意识到糗事百科不再是我个人可以随意关闭的产品，我没有权力把它从用户的屏幕上拿走。对于我，它只是一块试验田，但对于很多用户，它却是每天必不可少的精神调剂。随着用户规模的增长，糗事百科几乎占用了我所有的业余时间，但是，依然不赚钱。如果不全职为糗百工作，糗百很可能会因为无法跟上用户的需求而衰退；如果全职为糗百工作，则需要说服自己相信"创造用户价值自然可以得到相应的回报"。我和创业伙伴选择相信，自投资金创业，在降薪工作 8 个月后所有人恢复到了创业前的收入水平。

一个人的信念是否坚定，很大程度上取决于他是否提前预计和接受了坚持信念的代价。如果对坚持信念的代价考虑不足，那么这种情况下的盲目信念只能叫做憧憬或者幻想，是很容易被逆境打败的。很多大学毕业生在就业之后一年甚至半年就辞职，就是因为对现实估计不足，没有办法接受憧憬与现实之间的落差。坚持信念是一场战争，战争中总会有起起落落，这些起落只是一场场必经的战斗而已，不要忘记我们的目标是赢得整场战争，局部和暂时的战斗失利，没什么大不了。

在我遭受挫折的时候，传课网创始人王锋安慰我说："创业就是你所设想的好事都没发生，你没想到的坏事接踵而至"。的确，好事不是你想就会来，坏事也不是你不想就不会来。降低自己的预期，做好持久战的准备，只要活得足够久，把想到没想到的坏事都迈过去，就算一直都没碰到设想中的好事，也会碰到一些意料之外的惊喜。

逆境并不可怕，可怕的是不了解产品的处境和主动放弃

2006 年 7 月起，由于运营商突然收紧的政策，千橡矩阵中多家靠 SP 业务赚钱的 2.0 网站的利润像水蒸汽一样快速蒸发了。害怕重蹈当年做 Chinaren 时"钱烧完"被迫出售的覆辙，陈一舟决定"撤退"，尽管很多新业务才刚刚开始。留下的网站必须能够建立起竞争壁垒，并且能很快获得盈利。2006 年年底，千橡把总部从位于北京 CBD 核心区的中国人寿大厦迁到了现在的静安中心，租金只有原先的 1/3。在这场为期半年、陈一舟自称"大伤元气"的结构性调整完成后，千橡的视频业务、renren.com 以及客户端软件部门被全部裁掉，猫扑门户从 100 多人变成 20 多人的小规模。高峰时期的 1 400 人减员过半，换来的是千橡平稳地渡过了寒冬。

回想起那段岁月，陈一舟认为一个企业家在成长的道路上，有很多错误是不可避免的，只有犯了错、吃了亏，在以后的工作中才能尽可能少地犯错，"中国的企业家里面，基本上现在混得好的都吃过亏，甚至是生死存亡的大亏。"陈一舟扳着指头一个个数，张朝阳、丁磊、马化腾、陈天桥、史玉柱，等等。"有过濒死体验的公司，才会有大成就。"陈一舟感叹道。

在我所负责的 Q 吧产品陷入瓶颈期难以突破的时候，同事问我："为什么想把我们的产品做起来这么难？我们的团队有什么问题吗？"我回答说："我们的团队很好，大家都很有经验也有热情，即便有一些小问题，也是次要矛盾。从我们的产品形态来说，它需要很多人一起使用才能突破临界量，这与面向个人的产品是不同的，假设两类产品一起发布，我们需要花更多的时间才能让它站稳。从产品设计和技术难度来说，我们的产品要帮助用户有效地管理其他用户，我们需要设计用户管理体系和很多细分的权限，导致产品的复杂度和技术难度变得非常高。同时我们的团队规模又不是很大，很多事情只能一步一步来，所以我们不要和那些能够快速增长的产品相比，按照规划走下去，我们在自己的这个领域是能够做到全国第一的。"

> 我们犯了很多错误，交了很多学费，才知道了这个世界没有神话，只有一些很朴素的道理：便宜的打败贵的，质量好的打败质量差的，认真的打败轻率的，耐心的打败浮躁的，勤奋的打败懒惰的，有信誉的打败没信誉的……
>
> 我相信我们只要坚持这些最朴素的道理一步一步的走，有一天我们一定会为自己骄傲的。
>
> ——冯华君

我在团队中争取不到话语权，怎么办？

在一些产品团队中，扮演补集角色的不是产品经理，而是老板，老板对所有人都不放心，产品经理就被挤压成了老板助理。在这样的团队中，产品的大方向和小细节基本上都是老板定的，老板助理只是把老板的想法落实成文档的角色，对产品没有什么发言权，在产品团队中也没有什么话语权。

我认为问题的关键在于信任，所谓信任，就是基于过去的了解在不明确的情况下能够往好处想，老板对产品经理的信任程度决定授权程度。有些产品经理急于改变现状，努力向老板推荐一些很冒进或者改动很大的提案，而老板在不太信任产品经理的情况下对这些大提案是抱有防御心态的，即便产品经理说得都很对也起不到很好的效果。倒不如从一些老板容易接受建议的细节着手，展示自己的能力，让老板亲眼看到自己做出来了很多正确的结果，逐步赢得老板的信任。

压力管理

我在腾讯接受过一堂压力管理的培训课程，我当时并不知道这个培训对我的工作会有什么帮助。在经历了种种逆境之后，我发现自己依然身心健康乐观向上，原来是托压力管理的福。

压力管理的第一步是识别自身的压力状况，我们可以通过这道压力测试题来监测自己的压力状况，请回想自己在一个月内是否出现过下列情况：

▶ 觉得手上的工作太多，无法应付；

▶ 觉得时间不够，必须分秒必争（例如走路和讲话的速度变得很快）；

▶ 觉得没有时间休闲，成天惦记着工作上的事情；

▶ 遭遇挫折时很容易发脾气；

▶ 担心别人对自己工作表现的评价；

▶ 觉得上司和家人都不欣赏自己；

▶ 担心自己的经济状况；

▶ 有头痛、胃痛、悲痛等问题，难以治愈；

▶ 需要借助烟酒、药物、零食等抑制不安的情绪；

▶ 需要借助安眠药才能入睡；

- 与家人、朋友、同事的相处令你发脾气；

- 与人交谈时，打断对方的话题；

- 上床后觉得思潮起伏，有很多事情牵挂，难以入睡；

- 觉得不能将每件事情做到尽善尽美；

- 空闲时轻松一下会感觉到内疚；

- 做事急躁，任性而为后感到内疚。

计分规则：以上情况中，从未发生的 0 分，偶尔发生的 1 分，经常发生的 2 分，将每项情况的得分加总。

0 ~ 10 分　　　压力程度低，但可能生活缺乏刺激，比较简单沉闷，个人做事的动力不高。

11 ~ 15 分　　　压力程度中等，虽然有时候感到压力较大，仍属于可以自我调节的范围之内。

16 分或以上　　压力偏高，需要寻找压力源以及调节压力的方案。

（本测试只是希望引起大家对压力的关注，若发现分数不理想或不切合你的情况，请别放在心上。）

适度的压力能刺激我们产生荷尔蒙，帮助我们面对各种挑战，而压力一旦过度，就会危害我们的身心健康，并且还会影响到我们在工作中的判断和表现。当我们意识到自己正在承受过度的压力之后，接下来需要分析压力源是什么，是什么在不断地给我们制造压力。

压力源可能存在于很多个方面：

- 个人方面　　　　　健康欠佳、情绪不稳定、自卑、失落等；

- 家庭／爱情方面　　家长和爱人对自己期望过高、责骂、啰嗦、家务太多、家庭经济欠佳、家人争吵等；

- 工作方面　　　　　任务太多、老板和上司期望太高、产品业绩不理想、同事关系不好、沟通不畅等；

- **社会方面**　　　　住居环境差、交通拥挤、卫生环境恶劣、噪音污染、社会风气败坏、通货膨胀等；

- **朋友方面**　　　　缺乏知己、被朋友欺骗、被朋友冷落、被朋友排斥、发生纠纷等。

压力源往往隐藏得比较深，这是我们的某种本能把它藏了起来，似乎一切都没问题，但是它却在角落里持续地制造着压力。所以，解决压力的关键在于解决压力源，而不是采用消极逃避的方式来应对。"没想清楚"，无法快速决策，也是一种压力的表现，压力源在于害怕作出错误的决策而影响了产品的业绩，当我们认清压力源之后，找到一些适当的方法让产品的业绩可控，自然就消除了"没想清楚"的问题。工作任务太多，背后的原因可能是我们的工作方法效率不够高，向有经验的朋友、同事请教更好的工作方法，看一些专业书籍，使用一些能够提升效率的工具，提升了自己的工作效率之后问题就解决了。把压力源彻底消除，它所制造出来的压力也就随之消失了，我们的身心健康则得以保全。

压力源不一定是通过"解决问题"的方式消除的，有句话叫做"改变可以改变的，接受无法改变的"。在我们的工作、生活中，除了可以解决的问题，还有更多无法解决的问题，比如飞涨的房价、父母的衰老、同事的心情，等等，我们要识别哪些问题是可以解决的，哪些问题是无法解决的，对于不能解决的问题要想办法接受。幼儿到了两岁左右会进入"违拗期"，他开始有独立的意识，开始违抗家长的意愿和家长对着干。很多家长并不了解"违拗期"的概念，更不明白为什么小孩子忽然不听话了，他们试图用对抗的方式让小孩子听话，结果自然是徒劳无功，给自己增加了压力。《从出生到三岁》一书指出，家长应对幼儿"违拗期"最好的方法就是了解"违拗期"对于幼儿成长的重要性和必然性，提前接受这个概念并做好准备，这个方法非常适合应对无法解决的问题。

在我们的工作、生活中，还有可能出现很多意外，比如大面积停电、网络故障、摔倒受伤，这些意外是小概率事件，但是从一段很长的时间来看，却有着发生的必然性，这是我们无法改变的，与其怨天尤人，不如提前做好心理准备。当我们对无法改变的问题有了充分的认识，并提前做好了思想准备和应对准备，这些问题就不再是压力源了，而是变成了像吃饭睡觉一样平常的问题。

老板下达了高得离谱的KPI，怎么办？

最后，引用一段 Tony 的感悟，与大家共勉。

每一个岗位都有可以学习的地方，都有优秀的同事值得我们学习，值得我们用心投入去体验。无论我们今后的职业生涯如何发展，这种全力投入的过程，都是有意义的积累。

有的朋友很心急，对一个岗位、一个公司、一个行业，一遇到困难的问题就浅尝即止，还未体会到精髓所在，就急于换岗、换公司、换行业。有位艺术大师曾说过，"不精一艺莫谈艺"。我个人建议，年轻的朋友可以更耐心一些，尝试用心投入去发现工作之美，尝试体会工作本身的快乐。

当我们经受住极大的压力，在重重危机和困难之中，经过不懈的努力，终于找到可行的解决之道的时候，那种豁然开朗的感觉，难以言传，是未经历极限挑战的人所不能理解的，只有用心投入的人，才能体会这种工作的快乐。

一直很欣赏华为公司的一句话，"胜则举杯相庆，败则拼死相救"。在工作中，能结识一群志同道合的同事，能相互信任和相互欣赏彼此的激情，大家一起并肩作战，创造价值，是一件很开心的事情。

一个人是否是绝顶高手，是否绝顶聪明，并不是最重要的。最重要的是，你是否对团队有激情。你是否学会欣赏团队成员的努力，你是否愿意建设性地帮助他人成功，只有对团队有激情的人，才能赢得团队的尊重。

——Tony

0.3.1　沟通

我们生活在一个社会分工越来越细的时代，每个人在工作中都不可避免地要和一些人打交道，产品经理与其他人进行沟通的频率更是高于平均水平，所以，我们很有必要单独谈谈沟通这个话题。

沟通的两个层面

一定的私交基础，对沟通是非常有帮助的。有交情的朋友会主动帮你想办法，他所能动用的一切资源都会向你开放；没有交情的时候，他可以公事公办，不主动不拒绝，甚至可以在信息不透明的情况下把你想做的事情忽悠成不需要做或者做不成的事情。问题是，建立和维护友情需要花费很多时间，我们也很难把工作中需要打交道的每个人都变成好朋友，如何在没有私交的前提下进行有效的沟通是产品经理必须要面对的问题。

关于沟通我想到的另一个问题是，绝大多数无效沟通的根源在于把沟通这个过程本身当成了沟通目标。我所在的部门曾经与其他部门合作过一个项目，其中有一些开发工作需要对方部门支持，但是由于这个项目对于他们来说优先级并不高，所以我们提出来的很多需求最终都没有实现。令人吐血的是，在项目接近尾声的时候，对方部门发过来一个 Excel 表格，让我们整理好反馈意见发给他们，因为这是他们部门工作流程的一部分。日常工作中那么多次沟通都不能有效解决问题，最后来这样一个完全形式化的沟通，有什么意义？

类似这样流于形式的沟通，每天都在发生，这浪费了大家的时间以至于让人恼火。事实上，沟通只是我们为达到目的所进行的过程，在进行沟通之前，我们需要赋予它一个目的。比如检察官要起诉一个嫌疑人，他的目的是要证明这个嫌疑人有罪，并且让他接受法律的惩罚，他在法庭上的所有沟通都是围绕这个目的来进行的。也许你会说，有时候的确没有什么明确的目的，我就是过去"沟通"一下，这种情况中你的真实沟通目的也许是与对方拉近距离，以便于今后能够顺畅地开展工作。

我们可以把上面的两个问题总结为沟通的两个层面：一是维系并促进人际关系，二是达到沟通目标。

维系并促进人际关系

维系并促进人际关系是为今后更顺畅的沟通打基础，是一种长期投资。人际关系是在日常接触的点点滴滴中建立的，我们不能上午请客送礼促进关系，下午在沟通中对骂破坏关系。沟通在人际关系的建立中起着非常重要的作用，我们需要把握好每一次的沟通机会。在沟通中要注意平等原则、相容原则、互利原则和信用原则。

◗ 平等原则

人和人之间的平等，不是指物质上的"相等"或"平均"，而是在精神上互相理解、互相尊重，把对方当成和自己一样的人来看待。在马斯洛需求层次中，满足了生存、安全、社交等需求之后，尊重需求就浮出水面了，人们渴望相互尊重。

当你和一个人说话的时候，如果他眼睛望向一边，心不在焉，根本不仔细听，这时候你是什么感觉？如果对方用傲慢的语气粗鲁地对你说，"你这个观点很愚蠢"，这时候你还有没有动力继续说下去？沟通的时候一定要怀着一颗平等的心——无论和你沟通的人地位高低，无论他经验深浅，无论他骑自行车还是开保时捷。请注意，如果你和一些人沟通的时候特别尊重对方，也可能会造成对其余人的相对不尊重，在这里就不展开了。

尊重的重要表现是礼貌。切忌用"不"、"但是"或者"可是"来开头，过多地使用否定式过渡语，实际上是在告诉对方，"你错了，我才是对的"。应该首先肯定对方，因为对方即使没有功劳也有苦劳，没有苦劳他也有诚意进行沟通，尊重对方才可以赢得对方的尊重，促进人际关系。不要说"你说的不对，我的观点是……"，可以转换为"你的观点很好，我帮你完善一下……"或者"你说的很有道理，让我想到了……"。平等是发自内心的，如果你的肯定流于表面，也是一种不尊重。

掌握一些对方的专业知识，会让你在沟通中更自信，也更容易拉近你们之间的距离。如果你在和技术人员沟通的时候能够提出一些数据库优化的观点，会让他刮目相看。这样做还有一个额外的好处是，他不敢轻易忽悠你了。

▶ 相容原则

相容就是相互包容，与人相处时做到容纳、包涵、宽容和忍让，才能达到融洽的关系。不能包容，随之而来的就是责难、争吵，就会在相互的感情上钉下钉子，即便拔出来，也会留下伤痕。

"你是不是对我有意见？"这样的陈述属于对人不对事，针对对方，就是一种责难。规避的方法是，采用对事不对人的沟通方式。我们可以说："昨天我发了一封邮件给你，你是不是忘记看了？"或者："在这次会议上你打断我三次了。"这些说法都是针对具体的事情或对方的具体行为而非对方本人，更容易帮助我们达到融洽的关系。

如果对方犯了错误，怎么办？在 ERP（Enterprise Resource Planning，企业资源计划）软件中有个人性化管理的概念：每个人都会犯错，只要一个人犯错的概率没有超出统计学上的正常范围，企业就应当容忍，因为换了其他人进行同样的工作，一样会有犯错的时候。面对这个问题，企业需要运用 Paka-Yoke 的理念对工作流程、工具等方面进行优化，降低犯错的概率。借用到沟通中，我们应当对犯错者进行类比安慰，"换了我也好不到哪里"，这会快速地拉近双方的距离，然后分析错误出现的原因，争取降低未来犯错的概率。

▶ 互利原则

建立良好的人际关系离不开互助互利，这里所说的利，并非只是狭义的经济利益，也包括广义上的精神、情感方面。假设你正在做一个项目，已经到了收尾阶段，这时候另外一个同事进入了项目，他擅自把项目的成绩拿去和领导汇报，并且说这都是他的工作，你会有什么想法？你还愿意继续和他合作吗？

瑞士科学家恩斯特·费尔（Ernst Fehr）和他的团队做了一个很有意思的实验，在一组男性志愿者参加一个互相换钱的游戏时，扫描他们的大脑活动。如果一个玩游戏的人做出一个自私而不是互利的选择，其他人可以惩罚他。大多数玩游戏者选择施加惩罚，即使这样做对他们自己也会造成一些损失。研究人员发现，测试者作出施加惩罚的决定时，他们大脑的背纹状体被激活，这是一个涉及感受愉快或满足的部位，惩罚自私者会带给其他人快感。也就是说，在人的基因中已经预先写好了追求互利的规则。

不要做一个自私的人，自私会让你与周边的所有人为敌。试着理解对方的需求，帮助对方解决问题，对方也会给你相应的回报。同样，当对方给我们带来利益的时候，我们要表示认可和感激。

▶ 信用原则

有很多工作只能在沟通中确认一个完成工作的时间点，而不能在沟通的同时立即完成，衔接沟通与工作完成的桥梁，就是信用。信用是普遍存在的，离开它，我们几乎寸步难行。

在实际工作中，有很多破坏信用的事情发生，比如约定好了开会的时间却总有人迟到，表面上达成了协议私底下却置之不理。这类事情会降低我们的信用额度，这就意味着，别人若想和我们打交道则需要付出更多的成本来监督我们。反之，当我们的信用额度增加，与我们打交道就成了轻松愉快的事情。

想要增加个人信用额度，首先要做到不要轻易许诺，在你许诺的时候，就如同你正在一张虚拟的信用账单上签字，请一定要确认自己完全清楚了兑现成本。

其次，要做到言出必达，我建议把许诺过的事情立即记录下来以避免遗忘，然后在规定的期限内兑现承诺。

达到沟通目标

在沟通中花费了很大力气搞关系，最终却没有搞定需要搞定的问题，你认为老板会夸你还是骂你？一家公司要生存下去，需要办成很多事情，所以公司老板大多是结果导向的，他们欣赏能够搞定问题的人，不需要只谈过程不谈结果的人。

沟通是个系统工程，要达到某个既定的目的，很多时候不是一次沟通就可以解决问题的，而是需要进行很多次沟通。比如我想在产品中增加一个新的功能，达到这个目的的路线图是：确定技术可行性，估算研发成本，确定项目计划，项目完成功能上线。这意味着，我首先要和技术总监大体上沟通一下我想要的功能是什么样的；得到他的可行性反馈之后，我再提交一份正式的需求文档给他，请他评估研发成本；接下来我需要和技术总监及项目经理确认这个功能的项目计划，什么时候开始、什么时候结束；最后项目完成，项目经理要求我确认功能的实现是否符合需求；确认之后发布上线。整个过程中，需要几十次几百次沟通，有时候一天之内都有很多次沟通。

就单次沟通而言，可以分为沟通前、沟通中和沟通后三个阶段。按照 20 ： 80 原则，一次有效的沟通，有 80% 的工作是在沟通前完成的（很多战争在开始之前就已经结束了）。

在沟通前，需要确认好沟通目标、沟通对象、要传递的信息、沟通渠道、信息的展现方式和最终要达成的协议这几个方面。我不知道大家有没有遇到过这种情况，被邀请参加一个会议，过去之后会议的发起人说："不好意思，最近太忙了，还没来得及想，我们今天一起花时间想一想这个问题。"于是大家看着他做马拉松式的思考，三个小时过去了，还没想出来头绪，吃饭的时间到了，散会。这样的沟通不但效率极低，也破坏了平等原则，因为会议发起人并没有尊重其他人的时间。沟通前做好充分的准备，沟通中短平快地解决问题，才是理想的沟通方式。

我们不想掩饰对这样一些人的蔑视，他们不愿思考，或者在发问前不去完成他们应该做的事。这种人只会谋杀时间——他们只愿索取，从不付出，无端消耗我们的时间，而我们本可以把时间用在更有趣的问题或者更值得关注的人身上。我们称这样的人为"失败者"（由于历史原因，我们有时把它拼作"lusers"）。

摘自"提问的智慧"（How To Ask Questions the Smart）Eric S. Raymond, Rick Moen 著
http://linuxmafia.com/faq/Essays/smart-questions.html

沟通目的

单次沟通的目的是服务于某个整体既定目标的。对于单次沟通来说，目的越明确、越单纯越好，一次沟通若想要解决太多问题往往成功率并不高。"今天一定要让老板在两个方案中拍板一个"，"向技术总监说明我新增加的这个需求"，"了解用户最期望的新功能是什么"，这些都是非常明确的目的，这也是本次沟通需要达到的结果。

在确定沟通目标时，要预留出一定的弹性空间。比如我想在导航里塞 7 个选项，GUI 设计师说空间不够，目前的布局只能塞 4 个，如果没有任何弹性，双方互不让步，沟通可能会无解。要先想到如果只能有 4 个选项，是不是可以接受，在这个基础上，多谈出来一个就赚一个，这样的弹性空间会让沟通目标更容易达成。

沟通对象

谁能够帮助你达到沟通目标，他是否具备你想要得到的情报或是目标事件的决策权？这次的沟通目标对他而言是否有价值？他在沟通中会提出什么问题，作出何种反应？会把沟通引向哪些分支？他喜欢哪种沟通方式？他需要了解哪些信息才能决策？

要传递的信息

通常来说，首先需要传递整个目标的背景，让对方有个宏观层面的认识。然后，

传递本次沟通要达到的目标，"我们已经制定了两个方案，现在需要您拍板决定用哪一个"。接下来，传递细节信息，逐一确认。一部电影的时间通常不会超过90分钟，这是人保持注意力集中的时间上限，在编排要传递的信息时，同样需要运用奥卡姆剃刀原则，尽量保持信息的简短。

▶ 沟通渠道

面对面谈话、电话、即时通信软件和电子邮件都是常用的沟通渠道。我认为面对面的沟通方式是最有效的（如图 3-1-1 所示），在这种沟通方式中我们可以注意到对方是否在注意听，也可以通过他的表情判断他对当前这些信息的认可程度，这些情报对于最终达到沟通目标非常有帮助。如果他的注意力并不在这里，那么我们可以提高音量引起他的注意；如果他脸上有困惑的表情，那么很可能是没有听懂，我们可以讲得更具体一些。

⬆ 图 3-1-1　面对面的沟通

由于中国人含蓄的个性，日常沟通中使用邮件和即时通信的比例比较高，但这两种沟通方式并非万能的。邮件适合传递整理好的信息，比如一些明确的思路或是会议纪要。如果用邮件展开讨论，来来回回的效率是非常低的。在我刚进入腾讯，还没安装好 RTX（企业即时通信软件）之前，我的领导无法给我下达工作任务，这让我印象非常深刻。和打字比起来，讲话更方便也更快，我们应该克服一下自己的心理障碍，该面谈就面谈，该电话就电话。

邮件和即时通信这两种沟通方式不太适合多人沟通，一群人在邮件会话或者即时通信群组里面是很难互相说服达成共识的，最好的办法还是各个击破，最后开个会宣讲一下。如果真的要在网络上展开一些讨论，我推荐使用网络论坛，它是异步的系统不需要占用大家共同的时间，并且相对邮件来说有更好的展现能力。

资深项目经理 Maggie 说，她在日常沟通中离不开即时通信群组，她每天都要和多个部门的人更新项目进展，这个时候邮件太慢，开会聚不到一起，打电话不能多人同时沟通，只有即时通信群组是最好的选择，打开四五个群组，就完成了一轮沟通。所以，并不能说哪个沟通方式一定是最好的，只有最适合自己的沟通目标和工作环境的沟通方式。

◉ 信息的展现方式

信息的展现方式我们在 0.2.4 节和 0.2.5 节中都提及过，在与研发团队、老板、用户等沟通对象进行沟通的时候，我们都需要更有效的信息展现方式。信息的展现方式是由要传递的信息和沟通方式所共同决定的，例如我们要向对方确认产品可用性的问题，操作演示就是很重要的展现方式。

笼统地说，善于运用图形对促进对方的理解是非常有效的，设计师加尔·雷纳德（Garr Reynolds）称之为"视觉为王"。对于一段文字信息，3 天之后我们只能记得 10%；而对于图片信息，3 天之后我们能记得 65%。人脑理解图片的效率比理解文字更高，因为人脑工作的时候，是把文字当作一个个小图片进行识别之后再进行理解的。比如产品需求文档中图形化的网站结构图，如果改用纯文字的方式描述，理解起来是不是要多花费几倍的时间？假设我们要介绍最近三个月用户数增长的情况，用曲线图会不会比文字表格更加直观？为什么我们要使用甘特图来展现项目进度？信息展现方式的应用场景和应用效果，比我们平常所理解的概念更宽泛。

加尔提出的另一个重要原则是"寻找故事"，把想要传递的信息包装到一个故事里面。我们的大脑不喜欢平淡乏味的信息，故事的趣味性比要点列表强多了，所以故事更能激发沟通对象的注意力。我向我的校友 Daile 咨询如何改进本书的时候，他提议说要用故事来开篇，并且要讲一个大家没听过的故事，要让读者觉得我能讲述一些他们不知道的有趣事情，这样才能抓住读者让他们继续读下去。于是乎，我就在本书的开头讲了一个移动 QQ 的故事，虽然与后面的内容衔接得比较生硬，但是从抓住读者注意力的角度来看，应该是有些帮助的。此外，故事天然是包含案例的，并且有丰富的细节，与一条抽象的要点相比，更容易被沟通对象所理解。

推荐大家观看加尔的"How to think like a designer"在线演示（参见图3-1-2），他所介绍的展现技巧适用范围很广，并不局限于PPT演示，网址为：

http://is.gd/6ZkMz

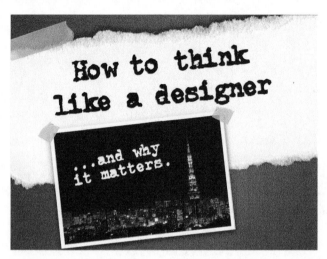

▲ 图3-1-2 "How to think like a designer"在线演示

有时候，邀请第三方来展现信息，是能够达到非常高的信息传递效率的。比如我会邀请研发人员和我一起到单面透视镜后面观察用户使用产品的行为，让他们直接体会到用户的烦恼，这种信息展现方式减少了用户到产品经理然后产品经理再转述给研发人员过程中的信息损耗、变形，并且看到活生生的用户在使用产品的过程中受挫对他们的触动会非常大。

▶ 最终要达成的协议

有一些沟通目标我们可以在沟通中即时达成，比如我们的沟通目标是交换情报，情报是信息化的，在沟通中就可以完成交换，沟通结束的时候沟通目标已经达到了。还有一类情况是无法在沟通中即时解决问题，比如你想要的情报对方并不能立即提供，沟通结束的时候双方只能先签订一份协议，有待后续执行。

除了非常正规的商务往来以外，这份协议可以是口头的，它的执行依赖于承诺方的个人信用。对于一份有效的协议来说，它应当符合 SMART 原则——由 Specific（具体）、Measurable（可衡量）、Attainable（可实现）、Relevant（相关性）、Time-bound（时限性）5 个元素组成。当参与沟通的各方针对某个问题都拿不出解决方案的时候，可以用头脑风暴的方式碰撞一下试试，如果还是没有办法，那么就陷入了无解的状态，如果你要继续推动问题，就要拿出一个足够 SMART 的解决方案。下面举出具体的例子。

S——具体。"优化注册流程"这样一句话显然不够具体，为什么优化，优化哪里，怎么优化？改成下面这样就具体了很多：

- 为了拓宽我们的用户群范围，我们需要降低注册门槛，只保留注册表单中的邮箱、昵称、密码 3 个输入项，取消其他输入项；

- 为了让收不到激活邮件的用户也能完成注册，允许用户通过发送邮件给 active@moumentei.com 进行激活。

M——可衡量。"我要跑步"这句话里面没有包含任何可衡量的信息。"我要每天跑 3 000 米"这样就可衡量了。有时候一件事情只是用完成来衡量，这种情况下不必强加一个额外的量化标准给它。

A——可实现。有时候沟通很顺畅，很快达成了共识，"大家要一起努力，月底登上火星"。这类不可实现的事情请抄送给亚当斯（Scott Adams），为他的《呆伯特》漫画添砖加瓦。

R——相关性。确保当前目标与整体目标一致，不要做不必要的事情，把几个相互独立的事情混在一起只会让大家都晕倒。

找出自己最近发出的一封邮件，判断其是否符合 SMART 原则。

T——时限性。别忘了设定一个时限，以免一拖再拖。

沟通技巧

当我们作了充分的准备之后，在沟通中按照原定计划执行，一般都可以达到既定的沟通目标。有时候，充分的准备会将我们带入沟通的另一个误区——过于以自我为中心，而忘记了沟通是双向的。我们需要让对方自由地表达自己的意见，不要代替他们发言，更不要禁止他们发言。只有他们自己的发言才能代表他们的真实想法，而且让对方自由地表达自己的意见也符合平等原则。他们发言之后，往往变得更容易沟通。所以，在沟通中我们要学会倾听，注意倾听，可以使用"主动倾听"（active listening）的方式将我们的注意力锁定在对方身上。看看以下这些沟通技巧。

提问

对发言者进行提问和确认，能够促进发言者的积极性，使得话题被推进下去。"哦？那很麻烦啊，你们是怎么处理这个问题的呢？"这样的提问会让发言者找到一些成就感。用疑问的语气重复对方说过的话，也非常有效，比如对方说："我们这个项目整整做了两年。"这时你问道："两年？"对方回答："一方面是需求变更太多，另外技术上也遇到了困难，项目进度一拖就影响到了士气，还引发了不少人员变动……"

总结对方的重点

"对不起，打断一下，你看我这样理解对不对……"，这可以迫使你倾听，并在倾听的时候思考。

眼神与肢体语言的交流

在沟通的过程中要注意观察对方的眼神和肢体语言，这些"场外"信息更能反映对方内心的真实想法。同时，也要主动进行眼神和肢体语言的交流，保持适当的眼神接触，点头表示自己明白了，这些动作可以避免你的注意力分散。

做笔记

我们上学的时候都有做笔记的习惯，因为我们知道自己不可能把听到、看到的所有信息都记在脑子里。在工作中，记下沟通中的要点，可以帮助我们对信息进行分析汇总。产品经理应该有随身带着本子和笔的习惯，一方面是在沟通的时候做笔记，另一方面可以将生活中碰到的产品灵感随时记录下来。

在沟通结束之后，最好发送一封邮件备案。好记性不如烂笔头，有一封邮件备案，可以巩固沟通成果。这封邮件也是沟通中所达成协议的文字版本，催促大家把沟通结果尽快落实到实际工作中。别忘了，沟通结束并不意味着工作完成，解决问题并做成一些事情才是真正的目标。

是不是掌握了上述这些沟通技巧就攻无不克了？

有句俗语，叫看人下菜。每个人都有自己的人格特质，想要让沟通更容易达到目标，最好能针对不同类型的人采取不同的沟通技巧。《引爆流行》中介绍了一位叫霍肖的牛人，他在自己的电脑上记录了 1 600 个人名和地址（通常来说，一个人的社交圈不会超过 150 人），在每个人名旁边都详细记录了当时他遇见此人的情况，以便能够和这些人保持联系。要求每位产品经理都做到这个程度是不现实的，这会占据大量工作时间，甚至可能影响到我们的其他工作内容。我们可以把问题简化一下，借助 DISC 评估法，将人分为 4 个类型（如图 3-1-3 所示，国内更流行将 DISC 对应到 4 种动物）。

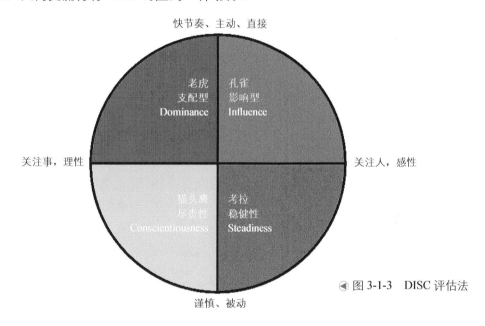

◀ 图 3-1-3　DISC 评估法

要确认一个人的性格特征，最准确的方法是通过测试问卷，但是我们很难测试每个沟通对象，所以更实际的方法是通过观察他的言行来判断他属于什么性格。

结果导向、办事快、方法直接的人，是支配型的老虎，代表人物是孙悟空。"少啰嗦，看棒！"与老虎沟通，要注意简洁和直接，他们不喜欢绕半天圈子找不到重点。因为老虎的支配欲很强，所以在沟通的过程中，比较容易发生争论，但只要是就事论事，争论并不会给老虎留下什么坏印象，他们很清楚大家只是在讨论如何更好地解决问题。

关注人际关系和团队氛围超过工作任务本身，喜欢通过影响他人达成目标的人，是影响型的孔雀，代表人物是猪八戒。他很擅长给唐玄奘和孙悟空吹风，当团队遇到困难的时候他也能出面请孙悟空回来。与孔雀沟通，要注意肯定和赞美他们，如果总是打击他们，会让孔雀很受伤。

关注人际关系和团队氛围、小心谨慎、吃苦耐劳的人，是稳健型的考拉，代表人物是沙悟净和白龙马。他们很少有非常突出的工作表现，更多的时候则是在默默地支撑着整个团队，而当团队遇到危机的时候他们会挺身而出。考拉很容易沟通，一般情况下都不会有什么异议，很快就能达成共识。但是要注意，不要因此而忽视了考拉的底线，如果一再侵犯他们所能容忍的底线，考拉也会变得难以合作。

对目标非常坚定，追求完美，经常问为什么，危机意识很强，由此也显得行事有点慢半拍的人，是尽责型的猫头鹰，代表人物是唐玄奘。他对于西天取经的目标坚定不移，一上路就开始考虑会不会被老虎吃掉。与猫头鹰进行沟通，首先要有耐心，不能像对待老虎那样简单直接。要注意用数据说话，要多考虑一些情况，比如危机管理。

关于沟通，还有其他窍门吗？

影响型的猪八戒，可以通过对孙悟空和唐玄奘施加影响从而达到沟通目标。当影响力对团队产生作用的时候，影响力就会成为领导力——能够通过对他人施加影响而使其心甘情愿地为实现团队目标而努力。产品经理通常是虚拟团队中的非权力职位，却要担当领导性质的工作，如果能够发挥一定的领导力，对于降低沟通成本快速达成沟通目标是非常有帮助的，从职业发展的角度来看，领导力对于产品经理也是非常重要的。我们来看看小丽是如何通过领导力来调动大家的。

行军床的故事

在办公室中，由于只有椅子和办公桌，午休很不舒服，只能在桌子上趴一会。小丽对午休质量要求比较高，她咨询了其他公司的朋友之后发现，行军床是能够提升午休质量的法宝，它能够很方便地收起展开，不占用空间，非常适合在办公室中使用。于是她就跑了几家商店研究行军床的性能和价格，给自己买了一张满意的行军床。

睡上行军床之后，小丽感觉自己真是太幸福了，午休质量明显提升，下午的工作效率有了保证。这样一个好东东，如何让更多的同事受益呢？

小丽将行军床收起、展开、自己带着眼罩躺在上面的场景都拍好照片，发了一个团购征集贴到公司论坛，说明了行军床对提升午休质量和工作效率非常有帮助，号召大家参与团购，承诺绝对低于市面价格。这个帖子受到了其他同事的热情响应，很快，一大批同事都拥有了团购来的行军床。

在小丽成功完成团购的过程中，她所使用的是领导力，而不是权力。领导力与职务无关，不能通过奖赏、指定和指派而获取（权力可以通过这些方式获得），一个人能否拥有领导力，完全依靠他的个人努力。

在这个案例中，小丽先是通过收集信息和反复实践而成为了行军床方面的专家，如果小丽推荐给同事的行军床并不好用，价格也很高，大家第二次还会相信她吗？可见专业能力对于领导力的形成至关重要。光是有专业能力的话，只能做好自己手头的工作，并不能对团队产生直接的影响，要获得领导力，接下来还需要勇气。并不是每个人都有勇气在公司论坛上发团购贴，这可能会让领导感觉你不务正业，但是小丽相信这是对公司和同事都有好处的事情，并鼓起勇气迈出了从专业能力到领导力的关键一步。接下来，小丽与潜在的团队成员进行了沟通和承诺，说明了行军床的好处，演示了使用方法，承诺了优惠的价格。有了这些，其他同事就心甘情愿地加入了团购的队伍。当团队形成之后，小丽与团队成员合作，最终圆满完成了团购。

对于产品经理来说，拥有过硬的专业能力是获得影响力的基础，在这个基础上，需要有目的地建设自己的领导力。要勇于走出自己的工作岗位与周围的同事进行沟通和分享，与大家讨论一下专业问题，输出一些培训课程，建个博客，写本书，这些都是增加自己影响力的方法。在大家找不到方向的时候，如果你对自己的判断有信心，勇敢地带领大家朝一个方向走，也是增加影响力的好办法。最后，千万不要忽视承诺和合作，承诺是否得以兑现，合作的结果是好是坏，都会直接影响他人对你的信任，指望大家能一直饿着肚子心甘情愿地陪你兜迷宫是不现实的。

0.3.2 创新

综上所述，"拥有创造力的秘密，就是懂得如何把信息来源藏起来"，这不是我说的，这是爱因斯坦说的一句大实话。比如糗事百科，如果我对 QDB 秘而不宣，而是编造一个网络版聊斋茶馆的故事，糗事百科的创新就上了一个档次，从网络产品到网络产品的复制，变成了线下模式到线上的飞跃。

书外音："且慢！刚刚的 2 页空白是怎么回事？创新就是要把信息来源藏起来？"

哦，我想用这两页空白来说明，搞点别人没搞过的东西是比较简单的（我并不完全确定这几页空白是否真没人搞过），胡搞瞎搞也能搞出来新东西，创新的难点在于搞出来的东西要靠谱，用我们认为靠谱的方式做出了一些别人没做到的靠谱结果。其实前面的两页空白不全是恶搞，我希望它能刺激大家思考创新，不过从第一版的情况来看，其更大的作用是让读者拨通了书店和出版社的投诉热线。

创新是挺有风险的事情，因为我们认为靠谱的方式并没有经过市场验证，失败概率不小。鉴于前面几章我们已经介绍过了竞争情报、过滤、用户体验、拉动、逆境等概念，我想现在是时候可以"安全"地讲讲创新了。

2005 年末，PPG（参见图 3-2-1）横空出世，公司的全部运营都集中于上海郊外的三幢小矮楼。包括 200 多位的呼叫席人员在内，员工还不到 500 人。这家公司不生产衬衫，也没有任何的实体店，物流也外包给了快递公司，只通过邮购目录和网络来直销衬衫。

▲ 图 3-2-1　PPG 的广告界面，摘自 http://www.yesppg.cn/YesPPG_CN/flv/txt28.aspx

"我们是衬衫行业中的戴尔电脑。"PPG 创始人李亮这样对外界描述自己的企业。用卖电脑的方式卖衬衫，可以说是挺有魄力的创新。其实，PPG 的商业模式更接近被 Amazon 收购的 Zappos，Zappos 创办于 1999 年，专门在网上卖鞋。不管是学戴尔，还是学 Zappos，在中国搞网上卖衬衫，算得上是个创新。

PPG 在运营的过程中出现过很多问题，首先是产品不过硬，Zappos 承诺如果鞋不合脚，送货、退货一律免运费，但是 PPG 做不到，它的衬衫不但本身质量不过关，还很难退换。然后是促销不力，2007 年，PPG 为了扩大市场份额，在媒体大肆投放广告，烧掉了 2.3 亿元的广告费，一些媒体报道说某 PPG 高管从中收取了巨额回扣。2007 年底，PPG 推出了打折销售网站，这个策略直接拉低了自己花重金打造出来的品牌形象。

在 PPG 充分教育了市场之后，VANCL 等公司后来居上，绕过 PPG 产品不过硬、疯狂烧钱的弯路，加强了对产品质量的把控，并采用按效果付费的低成本网络广告，接管了网上直销市场。出于生存的本能，大家都想当笑到最后的VANCL，坐拥平台的公司更是会想："反正我能后发先至，我还可以通过投资去入股小公司将创新外包，干嘛那么傻要去做第一个吃螃蟹的 PPG？"

坐拥平台的公司是不是依靠"后发先至"就好了，不用主动创新?

中国的 SNS 启动之后，腾讯将 QQ 空间从 Cyworld 模式转变为 Facebook 模式，并将 QQ 空间与 QQ 平台融合，通过后发先至，有效地把握住了市场机会。但是由于腾讯的后发，人人网和开心网有了充足的蓝海时段，获得了突破临界量的用户，与 QQ 空间形成了竞争格局。如果后发慢了半拍，或者新的市场机会与现有平台不能形成封闭体验，后发了也拉不动，坐拥平台也只能追悔莫及。

除了后发先至这一招，大公司通常还会成立投资基金或者孵化器，希望尽可能地把握住创新。问题在于，创新是个概率游戏，创新团队的基数很大，成功率很低，很难用有限的资金垄断对自己帮助或威胁最大的创新。如果前面两招都不凑效，最后还有收购这一招，例如 Facebook 在 2012 年以 10 亿美元现金加股票的方式收购了 Instagram。

大公司看待小公司，通常有个看不到、看不懂、看不上的过程，小公司太多，大公司不可能做到挨个筛，很多起步阶段小公司是在大公司雷达范围之外的，等到它们具备了一定的规模，大公司看到了却不一定能马上看懂，不知道它们的价值所在，看来看去终于懂了，却又不一定看得上，因为大公司的财报需要大规模的收入增长才能支撑。微软看上 Facebook 的时候，投入 2.4 亿美元只买到了 Facebook 1.6% 的股权。

如果大公司更积极地进行主动创新，是不是会形成大者恒大的局面？

不会。

首先，大公司的主营产品终有可能被颠覆。《创新者的窘境》对这个问题有深入的分析，每家公司都被自己的用户和投资者所绑架，他们只擅长优化既有产品，看不上只能满足一小部分用户并且利润率更低的创新产品形态，当创新产品进化到羽翼丰满之后，它的可靠性、便捷性和价格等优势就会颠覆上一代产品。摩托罗拉是无线通信的先驱和领导者，在模拟通信时代独领风骚，但是它对数字通信和消费电子的冲击估计不足，最终将手机市场拱手让给了诺基亚。诺基亚对用户的上网需求和应用需求估计不足，又将手机市场让给了苹果。

其次，大公司不可能衍生出垄断行业方方面面的新业务。百姓网 CEO 王建硕分享过**每个企业都为特定的事情优化**的理论，"每个企业，如果成功了，尤其在一个高度竞争的市场上面取得惊人的成功，必然是这个企业的全部都为做这一件事情优化到了最好。换句话说，也就是如果它开始做除此之外的事情，就注定了它的一切行为，有可能对于新事情而言样样都不是最优的，就容易失败。"

本书 Alpha 部分所讲的产品，主要是指自动化程度非常高、人为介入因素较少的产品。腾讯对这类产品非常在行，并且深谙拉动之道，这使得它在即时通讯、游戏、SNS、邮箱等领域都赢得了市场第一。但腾讯过去几年在电子商务领域探索，则用实际行动证明了拥有平台的大公司并非万能。《艾瑞 2006 年中国网络购物市场研究报告》和《艾瑞 2009 ～ 2010 年中国网络购物行业发展报告》的数据表明，2006 年，淘宝交易额 150 亿，占据平台式购物网站（C2C 网站及其商城）交易总额的 65.2%，拍拍交易额 8 亿，占比为 3.5%；2009 年，淘宝 2083 亿元，占据平台式购物网站交易总额的 83.8%，拍拍交易规模为 245 亿元，占比 9.9%。

拍拍在过去几年的发展中并没有变成强有力竞争者，除去时机的因素，电子商务需要人为介入较多是一个重要的原因。让不同环节的员工输出质量可靠的服务，成为产品的有机部分，这并不是腾讯所擅长的事情，与腾讯温和宽松、培养人站在软件和硬件后面的企业文化很不兼容。

如何通过创新挑战行业领导者？

在 Gmail 推出之后，邮箱产品的竞争可以用白热化来形容，雅虎和网易也相继推出了无限量邮箱。QQ 邮箱应该怎么办？跟进无限量的潮流，还是寻找用户的真实需求？在进行 CE 之后，QQ 邮箱产品团队发现用户并不在意无限量这个概念，因为对他们的日常使用没有实际帮助，只是一个噱头而已，用户更在意的是大文件中转、超大附件等能用得到的存储空间。QQ 邮箱根据用户需求，快速推出了文件中转站和超大附件功能（参见图 3-2-2），获得了用户的好评。通过基于用户需求的一系列创新，QQ 邮箱扭转了口碑，从少得可怜的市场占有率，变成了市场第一（《2009-2010 年中国个人电子邮箱行业发展报告简版》表明腾讯邮箱月度覆盖人数位居第一）。如果 QQ 邮箱只是一味地跟随市场领导者，它能跟成领导者吗？

⊛ 图 3-2-2　超大附件功能

创新不一定是一个大招致胜，成功也可以来自无数细节的积累。1993 年丰田开始探讨混合动力技术，1994 年做出了计划，1995 年开始研发，1997 年第一代混合动力的普锐斯（Prius）上市。减少汽车行驶过程中各个环节的汽油使用，并且把一些闲置的能量存储为电能备用，是一系列零碎的工作。上市前 3 个月，丰田还在进行改善，又追加了一个刹车时把能量转换为电力的装置。这个装置听起来很牛，让油耗减少了多少？3.7% 而已。人们不会为了节省3.7% 的油耗而购买一辆价格比普通汽车高出很多的混合动力汽车，但是这里一个 3.7%，那里一个 3.7%，把几处降低油耗的创新加起来，2010 款的丰田普锐斯（如图3-2-3 所示）达到了百公里油耗 3.6 升的目标。根据新浪网公布的数据，奇瑞

QQ3 的百公里油耗是 5.8 升，本田飞度是 6.5 升，福特福克斯是 7.6 升，即便同比亚迪 F0 的 5.2 升相比，普锐斯的油耗还要低 30%。

▲ 图 3-2-3　2010 款的丰田普锐斯

2009 年 11 月 6 日，日本汽车销售协会联合会及全国微型车协会联合会公布了 2009 年 10 月各车型日本国内新车销量，其中丰田混合动力车"普锐斯"共售出 26 918 辆（新旧款合计），在包括微型车在内的综合榜上连续 5 个月蝉联首位。混合动力汽车成为了日本最畅销的车型，开启了混合动力的时代。

创新让小公司永远有机会。永远都会出现下一个 Google、下一个 Facebook，今天我们需要仰视的大公司并没有那么可怕。

> 　　创业小公司不要怕和大公司竞争。只要不是做对方主营业务，表面看上去是在和大公司打，其实只不过是和一个项目经理、几个工程师打，（他们）还是不能自主决策，什么都要批准，动作缓慢的。一个是整个身家投进去，一个是朝九晚五，你不但快，灵活，士气高，还有可能人比他多，钱也比他多。
>
> 　　　　　　　　　　　　　　　　　　——汪华（创新工场创始合伙人）

可以在哪些环节进行创新？

再次引用图 2-0-1 中那个经典的苹果，答案是，我们可以在任何环节创新：

▷ GUI（图形用户界面）可以创新，可以引入光源的概念，可以采用复古的风格；

218

- 技术研发和项目管理可以创新，新技术当然是创新，但使用 Trello 进行项目管理也是一种创新，在推出完整产品之前先推出最小化可行产品验证市场更是了不起的创新；

- HCI（人机交互）设计可以创新，无刷新体验已经成为新的潮流，递进展示在手机上大行其道；

- 产品功能的设计可以创新，QQ 邮箱可以增加文件中转站和阅读空间；

- 产品形态可以创新，微信是更好用的 IM；

- 概念也可以创新，iPhone 不是卖手机而是卖带通话功能的数字消费品运行环境。

不要把创新局限在概念和产品形态的层面，不要以为成天研究用户体验和技术细节就不是创新。一次我和一位负责后台技术的总监聊天，问他工作中有什么创新没有，他回答说没有。然后我问他近期在忙什么，他很兴奋地给我介绍他正在做的项目，他们要将很多几百兆的文件存储到服务器磁盘上，如果多个文件同时存储，单个文件就不是连续的，会产生磁盘碎片并降低磁盘的存取效率。Linux 将来会使用类似下载软件时的文件空间预分配功能来解决这个问题，在等待 Linux 新版内核的时候，他们想到的一个办法是，通过一个任务分配服务器，将多个文件分配到多台服务器的多个硬盘中，确保每个硬盘在同一时刻只有一个文件进行写操作，这样就可以解决磁盘碎片的问题了。我很奇怪为什么这么有趣的想法在他看来不是创新，不过也可以看到，很多时候我们都在不自觉地进行着创新。

在产品之外，如何更有效地拉动产品，如何更好地进行竞争情报，也都是可以创新的环节，一样有很多空间等待我们去尝试。张小龙在总结 QQ 邮箱创新经验的时候提出过一个"千百十"的工作方法：每个月每款产品经理要浏览 1000 条用户帖子，浏览 100 篇网络评论，做 10 次 CE（Customer Engagement，用户参与）。QQ 邮箱产品团队一开始不太认可这个方法，认为浏览帖子这种事情是客服的工作，在尝试使用了这个方法 3 个月之后，产品团队开始感受到用户源源不断的创意和激励，最终"千百十"变成了一种工作习惯。也许会有人说这是傻办法，我认为，在不可能飞的时候，踏踏实实地走到目的地，就是最聪明的办法。

根据以上环节的划分，回想一下自己近期的工作包含了哪些创新。

如何创新？

创新不应该是一种阶段性的项目，靠一次创新吃 100 年即便可口可乐也做不到，我们需要建立创新文化引领团队进行持续性的创新。创新文化大致上包括正视创新的风险、鼓励沟通和抵制诱惑三个组成部分。

正视创新的风险

由于创新做的是自认为靠谱但是没经过充分验证的事情，失败的风险是肯定存在的。如果一个团队只允许成功不允许失败，那就没有人敢去尝试创新。对失败进行惩罚应该被积极管理创新的风险所替代，下面两个方法对于降低创新的风险很有帮助。

▶ 建立专家组

> 人比想法更重要：如果你把一个好的想法交给一支平庸的队伍，他们会把它搞砸；如果你把一个平庸的想法交给一支出色的队伍，他们要么能够挽救它，要么会把它扔掉然后找出一些管用的办法来。找到一群有创意，能够发现创意，能够紧密合作共同实现创意的同事在一起工作，是非常非常重要的事情。
>
> ——Pixar 创始人 Ed Catmull

人比想法重要，比组织结构重要，比项目流程重要，创新的根本在于人。每个人关注的领域，个人能力和经验，都是有差别的，建立起专家组，让所有人都能随时和他们讨论，可以最大限度地提高团队的整体能力，有效解决创新中的难题和不确定的因素。

腾讯有一位 Linux 界的传奇大侠廖生苗（被同事尊称为廖大师），他参与开发的蓝点 Linux 是全球第一个内核汉化的 Linux 版本。他在腾讯是技术专家，没有管理职务，这样的身份让很多不同项目中的同事都会跑过去找他问问题，寻求他的帮助和建议。我也曾经请教过廖大师一些问题，大师给我的解答让我感到身边有专家真好："根据你的业务模型和估算，用户规模 ××× 万的时候同时在线大约 × 万，网络连接数 × 万，网卡的支撑能力是 ×，那么就需要 × 台接入服务器。每天有发帖操作用户的比例大约为 ×，平均发帖数 ×，平均内容

长度为 ×，一天的存储量大约是 ×××。你们先申请 × 台服务器，够撑到年底做明年的预算了。"

要充分发挥专家的作用，就要把他们标识出来，让所有人都能找到，这样大家有了问题才知道可以请教谁。另外，不要在这种请教中赋予专家权力，降低其他人请教专家时的心理压力，营造一种"纯学术讨论"的氛围。

▶ 鼓励对未完成工作的展示

我在腾讯战略发展部工作期间曾经体会过这种方法：我们有一个"周五挑战会"，在周五的下午邀请近期项目有更新的同事讲解他们的研究报告，所有人都对这些报告提出挑战，帮助写报告的同事开拓思路或完善细节。一开始我不太能接受"周五挑战会"，我只是拿出一个半成品却被挑这么多毛病，感觉很差。后来慢慢发现，完整的工作都是从半成品开始的，尽早接受挑战，可以少走很多弯路，而且大家都是这样的过程，不用在意什么面子问题，就变成了"周五挑战会"的热情拥护者。

0.2.10 节介绍的最小化可行产品，也是一种对未完成工作的展示，可以充分降低创新的风险。如果团队的每个成员都能具备这样的意识，大家的工作过程变得更透明，过程中的问题就能越早被发现。

鼓励沟通

有很多创新是把 A 领域中靠谱的方法成功运用到 B 领域后造成的。例如腾讯将电信行业的海量用户运营能力运用到即时通讯之后，创造出了比国内竞争对手支持更多人在线也更稳定的服务，赢得了用户。鼓励跨团队的沟通对增强团队的创新能力是大有益处的，同时也能加速处理工作中出现的问题。

> 一个组织中关于决策的等级关系和关于彼此交流的人际结构是两码事。任何部门的成员都应该可以直接同任何其他部门的成员一起解决问题，而不需要经过"适当的"沟通渠道。"问题"几乎总是无法预计到的。处理众多问题最有效的方式，是信任大家直接彼此合作解决困难，而不用忙于核对各种权限。
>
> ——Ed Catmull

抵制诱惑

在创新的过程中我们会有很多发散性的思维，似乎到处都是机会，抵制这种发散带来的诱惑，把资源投入最好的想法中做透，是非常重要的创新原则。

抵制诱惑最好的办法就是加强过滤，过滤得越充分，就越容易冷却对一些概念的热情。将用户体验和拉动加入到过滤因素后，我们得到下面这个过滤列表。

▷ 哪些用户可以通过产品受益，他们是男是女，年龄多大，有多少人？

▷ 这个产品概念为它的目标用户带来什么价值？

▷ 产品所实现的价值如何传递给用户？如何拉动？如何转化目标用户？

▷ 如何建立和维护产品与每个用户之间关系？能否做到用户可接受的体验？

▷ 能获得收入吗？能否成为现金牛或平台？

▷ 实现这个产品概念，有哪些核心资源是已经具备的，哪些是欠缺的？

▷ 需要完成哪些关键任务才能达到里程碑？突破口是什么？

▷ 需要外部的合作伙伴吗？

▷ 上述问题共涉及哪些成本？

0.3.3　自省

身体是革命的本钱，定期体检可以帮助我们尽早发现一些疾病，及时治疗，保持身体健康。对于产品来说，《产品运营状况简报》就是每个月的体检报告，把所有的健康指标过一遍，可以尽早发现产品的问题，及时修正产品方向。不过，我们这一节要讲的不是身体体验，也不是产品运营简报，而是个人和团队的自省。

皮克斯创始人 Ed Catmull 在"How Pixar Fosters Collective Creativity"一文中提到，自省就是要"系统地避免自满和发现隐蔽的问题"。咬文嚼字的话，这个说法不够准确和完整，因为自满也算是一个隐蔽的问题，我将这句话优化了一下：自省就是要系统地发现自满及其他隐蔽的问题，并及时解决。

十岁神童，十五岁才子，过了二十岁是凡人

世界上再也没有比骄傲自大更可怕的了。骄傲自大可以毁掉英才和天才。

莱恩是一个自幼就表现出某种天赋的孩子，因为他一出生时就让别人感到他灵气逼人、聪明伶俐。人们都说这个孩子一定是天才，他的将来一定极为辉煌。有人说："莱恩一定会成为一个伟人，你看他那种机灵的模样，说不定会成为一个伟大的将军。"也有人断定他会成为一个可以令大家引以为荣的艺术家。

莱恩的父母为此专门给他请了家庭教师，试图在音乐方面给予他最好的培养。他确实非常聪明，老师教的一切他都能很快地学会。四五岁的时候，他不仅掌握了基本的乐理知识，而且还会演奏多种乐器。他的钢琴和小提琴演奏极为出色，并且很快就举办了自己个人的音乐会。

人们都说他是一个音乐神童，是个伟大的天才，就像人们评论那些历史上伟大的音乐家一样。莱恩的父母把他当成一个宝贝，生活的全部重心都转到了他的身上。他们逢人就夸奖自己的孩子，甚至当着众人的面，说莱恩的音乐水平已经远远地超过了他的老师和其他同时代的音乐家。他们说莱恩注定会成为巴赫那样的音乐大师。

莱恩被大量的赞誉蒙蔽了，他陶醉在沾沾自喜之中。

有一天，他的音乐老师告诉他，他在音乐表现上存在着很多不足。虽然他的技巧确实已经相当不错了，但音乐本身的魅力在于内涵而不单单是技巧。

莱恩被激怒了，他狠狠地对老师说："你以为我只会技巧吗？那些音乐的内涵我早已清清楚楚。"

老师说："但我明明发现你有这些问题呀！"

莱恩说："那不是问题，是我故意那样演奏的，我就是那样理解这首曲子的。"

老师为了让他明白一些音乐表现方面的东西，开始给他做示范。碰巧老师在演奏的过程中犯了一个小小的错误，这样就被莱恩抓了个正着。

"喂，您都弹错了。我亲爱的老师，就您这样的水平还能够教我吗？"他的语气中带着极大的讽刺意味。

老师气愤极了，虽然他认为莱恩是个有才华的孩子，可还是马上辞去了这份工作。尽管莱恩的父母请他原谅孩子的做法，并尽量挽留他，但他仍然头也不回地离开了。

后来，我曾遇到过这位音乐老师并和他谈起莱恩的事。他告诉我，就在他离开莱恩的那一刻，突然感觉到他以往的判断是错误的，他感觉到莱恩并不是以前想象的那样会成为伟大的音乐家。事实证明，这位音乐老师说对了。

自从老师走后，莱恩越来越得意。因为他自认为是天才，胡乱地改动那些大师的作品，并经常说这些作品不过如此。他拒绝父母再给他请老师，说那些老师都是不中用的人，根本不配来教他这样的一位百年难遇的才子。

结果是可想而知的，事过多年，我听说莱恩已经变成了一个酒鬼，他愤世疾俗，说人们不理解他这样的天才。我知道有很多伟大的艺术家在生前或未成名之前很难被人理解。但莱恩绝不是那样的人，因为他一生从未写出过美妙的作品，甚至连平庸的作品都没有。而且过度的饮酒摧毁了他的听力和灵巧的手指，恐怕他已经变得连最基本的音阶都不会演奏了，更不用说演奏出美妙的音乐。

摘自卡尔·威特所著的《卡尔·威特的教育》，刘恒新译，京华出版社出版。

莱恩的案例充分说明，自满会导致无法接受建议与批评，从而止步不前甚至倒退。保持一种空杯心态，愿意接受方方面面的建议和批评，对于个人和团队的成长是非常重要的。

曾经有同事对我说，我考虑问题的周期太长，决策太慢，不够敏捷。这的确是我当时的问题，我听到这个批评之后开始审视自己不够敏捷的案例，然后寻找解决方案，最终克服了这个问题，并且在前面的章节与大家分享了我的心得。如果我很傲慢，身边的同事可能不屑于赐予我他们的批评，我就失去了进步的可能；如果我只是表面谦虚，听到批评之后却置之不理，我也不会进步。所以，空杯心态要做到能让别人看到你是一个空杯子，并且你也真的可以装进去水（如图 3-3-1 所示）。

◀ 图 3-3-1　空杯

在自满之外，还有可能存在很多其他的问题，比如沟通理念有误、工作方法效率太低、使用的工具效率太低，等等，这些问题可能一时的危害并不大，但是长期积累下来，浪费的时间和带来的伤害绝对不容小觑。

个人需要自省，团队同样需要自省。团队也会集体自满，记得我之前说过的成天"放卫星"的团队吗？此外，团队也会有一些其他方面的隐蔽问题，一个朋友和我说起过他公司的一件事情。

之前他们的产品状况一直很不错，收入良好，但是由于市场发生了变化，这款产品进入了衰退期，收入大减。为了提升产品的收入，他们开始做很多细致的分析，研究各个用户入口，研究所有的支付环节，这时候他们愕然发现，在几个支付渠道中，竟然有一个支付渠道是无法完成支付的，这个低级错误在产品运营了两年多之后才被发现。"如果一开始这个问题就被发现的话，至少能提升8% 的收入，"他回忆说，"当时产品的高速增长掩盖了这些问题，那时候根本不会管这些细节，随便搞点营销活动就能保持收入增长。"

如何系统地发现问题、分析问题、解决问题呢？

首先，我们应当做到定期自省。

荀子说过："君子博学而日参省乎己。"古人生活节奏慢，每天可以抽出时间来自省三次，今天我们生活节奏快了，可以把自省的周期延长一点，个人每月一次比较合适，团队可以每季度一次。

其次，我们需要更系统有效的自省方式，参照体检表格建立自省表格。

张小龙提出的"千百十"就是一种自省表格，积极地捕获用户的反馈，倾听他们的建议和批评，可以有效地抑制自满心态。

我建立了两个自省表格（采用创作共用约定），欢迎大家使用并帮忙完善。觉得这两个表格靠谱的话，你可以加入到自己的 Google Calendar 中，设定好自省周期，提醒自己定期进行系统的自省。

第三，对自省中发现的问题，要及时分析、解决。

不要小看分析问题这个环节，如果我只是知道自己不够敏捷决策太慢，而不知道这是由于什么原因造成的，有什么解决办法，是没法真正克服这个缺点的。找出问题之后，我们需要具体问题具体分析，0.2.8 节中介绍的细分和对比两个方法继续适用。当我们发现了问题，分析出了原因和解决方案，解决问题就变得很容易了，比如上面讲到的支付渠道的案例，他们花了几个小时就解决了问题。

个人自省表 V0.1

1. 我的时间花在了哪里？是否符合 2 : 3 : 5 的比例（战略性工作 : 阶段性工作 : 日常性工作）？

（人际关系、用户体验、个人娱乐……）

2. 我投入时间最多的几块是否得到了足够的回报？

（产品业绩提升、个人能力提升、保持心理健康……）

3. 在这方面有没有更好的标杆可以学习，我的效率还有多大提升空间？

4. 我犯了哪些错误？

5. 最令我头痛、郁闷的事情是什么？

6. 我听到了哪些对于我个人的建议和批评？

7. 我听到了哪些对于我产品的建议和批评？

8. 我有什么值得发扬光大的新习惯吗？

团队自省表 V0.1

1.我们的资源（人力、资金、营销）花在了哪里？我们投入的时间是否符合2：3：5的比例（战略性工作：阶段性工作：日常性工作）？

（新功能、沟通、团队建设……）

2.我们投入时间最多的几块是否得到了足够的回报？

3.在这方面有没有更好的标杆可以学习，我们的方法论还有多大改进空间？

4.我们犯了哪些错误？

5.最令我们头痛、郁闷的是什么？

6.我们是否都在讲真话，知无不言言无不尽？

7.我们有什么值得发扬光大的？

我所在的产品团队在不同的阶段曾经由自省总结出如下几点。

◐ 头脑风暴过多，占用了大量时间。

这个问题是由于当时产品人员（包括我）的能力不够全面，很多事情需要大家相互商量。在工作的过程中，其实大家都已经提升了能力，也学会了从用户那里获取真实的需求和反馈，但是头脑风暴作为一种习惯却一直保留了下来。我们的解决办法是，建立专家组，把需要占用集体时间、效率低下的头脑风暴改为向高效的专家组求助。

◐ 在线群聊过多，对工作没有实际帮助而消耗了大量时间。

原本是为了活跃团队气氛或者在线头脑风暴一下的群聊，发展成了有事没事的群聊，有同事提出这个习惯对工作的负面影响很大。于是我们规定，需要快速决策的事情求助专家组，需要大家帮忙 PK 的东西发到论坛（异步讨论，不占用大家的集体时间），群聊只有非常必需的沟通场景才可以使用（例如 Maggie 要与很多团队频繁沟通）。

227

▶ 滥用 Ajax 技术，降低了网站的速度。

由于做后台技术的同事厌倦了对付网站模板，有了 Ajax 技术之后，模板、渲染这些工作便彻底丢给了负责前台技术的同事。而实际上，很多网页并不适合使用 Ajax 技术，它成了 SEO（搜索引擎优化）和速度提升的障碍，这是一个以开发模式为中心而非用户为中心的工作方式。我们找到的解决方案是，采用模板渲染引擎，将原本 Ajax 完成的工作交由服务器端完成，这样改善之后，用户的访问速度提升了，SEO 的问题也顺带解决了，后台、前台的技术同事也没有增加很多工作量，大家都很满意。

我们在自省中还总结了如何提升沟通效率、如何提升用户体验等经验和方法论，我个人也在自省中得到了快速的成长。

0.3.4 练习

真正想做一件事情的人，会找到一个方法；不想做的人，会找到一百个借口。

——出处不详的谚语

成为一名能力全面的产品经理需要天赋吗？我可以吗？

首先，恭喜你坚持读到最后！这一节正是为有毅力的你而设计的，天赋什么的并不重要，毅力和正确的方法才是关键。作为奖励，我们现在分享一下成长为产品经理的秘笈。

我的朋友 Tinyfool 曾经说："给自己设定一个极限是愚蠢的行为。"他曾经认定自己只能精通 VB，事实上，他后来轻松学会了 ASP，又学会了 VC 并且开发了 365kit 的 Outlook 插件，然后又变成了一名面向 iOS 平台的开发者和创业者。他曾经认为以自己的英文基础无法读懂题目为 "Google 文件系统"的论文，而在真正深入阅读之后，他发现阅读这篇论文很快乐，并且把它翻译成了中文。

回想我们自己的成长历程，会找到很多突破"极限"的例子。当我们刚出生的时候，没有行动能力，视力模糊，但是我们并没有定型在那个阶段，而是在不断地成长。一些笼罩着神秘色彩的能力，比如"眼光"，也并非遥不可及。仔细剖析"眼光"的话可以发现，它其实就是"竞争情报 + 观察能力 + 推理能力"，当我们比别人花更多的心思收集整理竞争情报，比别人观察得更仔细，比别人推理得更严谨，我们就成了有眼光的人。

如果我们可以在各种领域取得突破，那么为什么会给自己设定一个极限？在思考这个问题的时候，我找到了一些很有意思的资料。

给自己设定一个极限的思维模式叫固定型思维模式，拥有这种思维模式的人认为做人是有天赋的，天赋不会增多，也不会减少。基于这样的认定，他们认为犯错误是因为天赋不足，而由于天赋是固定的，他们选择回避挑战，因为挑战意味着犯更多错误，意味着看上去很笨拙。

与固定型思维模式相对的是成长型思维模式，拥有成长型思维模式的人认为天赋并不是特别重要，人的才能是可以通过教育和努力提升的，由此，他们相信犯错误是由于缺乏努力，而非缺乏天赋，他们把挑战看作是学习的机会，他们认为在挑战中犯错误是非常正常的事情，这是不犯错误的必经之路。

Carol Dweck 博士曾经对 373 名刚上初中的学生进行了为期两年的跟踪调查，试图观察思维模式对学生数学成绩的影响。在学生刚上初中时，通过询问他们是否同意"智商是一种非常固定的东西，基本上无法改变"之类的观点来对他们的思维模式进行评估，将学生划分为成长型思维模式和固定型思维模式两类。

这些学生在升入初中后，面临的功课越来越难。正如预期的那样，拥有成长型思维模式的学生认为上学是为了学习，而不是为了取得好成绩。他们特别重视学习过程，相信努力越多，能力提升越快。他们认为，即使是天才，也要努力才能学有所成。遇到考试成绩不理想之类的打击时，他们会在以后的学习中加倍努力，或者尝试不同的学习方法。

固定型思维模式的学生则完全不同，他们只想表现得聪明，并不想努力学习。他们对努力持否定态度，认为只有能力不足的人才需要努力学习，有天赋、智商高的人即使不努力也能成功。他们相信成绩不好是由于自己不够聪明，于是更加不愿意努力或者干脆不选学得差的课程，甚至在考试中作弊。

两种不同的思维模式直接影响到了学生的成绩。刚上初中时，两组学生的数学成绩相差不大。随着功课难度的增加，成长型思维模式的学生显现出更强的韧性。结果，他们在第一个学期期末的数学成绩超过了另一组学生。在随后的两年里，两组学生的差距越来越大。

那么又是什么造就了固定型思维模式或成长型思维模式？Carol Dweck 博士对几百名五年级学生进行了一个非语言类的智商测试，前 10 道题多数孩子完成得很好，于是表扬了他们，但方式稍有不同，对一些孩子只是夸奖他们聪明："哇，做得很棒，你真聪明！"对另一些孩子则表扬他们勤奋："哇，做得真不错，你是一个勤奋的孩子！"Carol Dweck 博士发现，称赞孩子聪明更容易使孩子形成固定型思维模式，他们变得容易回避难题，倾向于完成简单的任务；如果称赞孩子勤奋，他们则会变得乐于挑战难题，并从中学到知识。这说明，我们所接受的教育和我们周围的环境是养成固定型思维模式的罪魁祸首，譬如下面这则报道。

被人称为"钢琴神童"是因为牛牛（见图 3-4-1）对音乐异常高的悟性，年仅 12 岁就能拿下莫扎特、贝多芬、李斯特的绝大部分作品，且能将感情色彩也处理得相当到位。牛牛的现任老师、上海音乐学院钢琴系主任陈宏宽，在听完牛牛弹奏的莫扎特《幻想曲》之后，竟然感动得落泪，"从来没有听到过一个小孩能有这么深的理解。"

▲ 图 3-4-1 "钢琴神童"牛牛

在牛牛的介绍文字中，"对音乐异常高的悟性"取代了"多年的刻苦练习"（实际上，牛牛上学前每天练琴 8 小时，上学后每天也坚持练习 4～5 小时），因为这样更有传奇色彩，更有"新闻价值"。正是各种类似的信息，让我们开始相信天赋，让我们觉得通过努力获得的成就不值一提，进而形成了根深蒂固的固定型思维。

乔布斯也是练出来的

乔布斯并没有把演讲的成功当做想当然的事，事实上，长时间的排练才换来演讲过程中表面上的轻松、不拘小节和亲和力。乔布斯通常提前几个星期就开始为演讲做准备，检查要展示的产品和技术。"一个原苹果公司的员工曾经回忆说，这些演讲看上去只是一个身穿黑色上衣和蓝色牛仔裤的人在谈论新的技术产品，真实情况是每场演讲都包含了一整套复杂、精细的商品宣传和产品展示。为了5分钟的舞台演示，他的团队曾经花了数百个小时做准备。"卡迈恩•加洛说（《乔布斯的魔力演讲》的作者）。演讲前，乔布斯用整整两天的时间反复彩排，咨询在场产品经理的意见。在幻灯片制作方面，他亲自撰写并设计了大部分内容。相反地，"我能列举出一大堆企业CEO、高管，他们青睐即兴演讲。这让我很奇怪，企业的领导者花费大量的金钱来设计产品发布、技术演示，但是在临门一脚的时候，他们却没有时间彩排。"

当年乔布斯正在为发布iMac进行彩排，按照设计，他话音一落，新款的iMac就从一块黑色幕布后面滑出。乔布斯对当时的照明状况不满意，他希望光线更亮一些，出现得更快一点。照明演示的工作人员一遍又一遍调试，始终不能让乔布斯满意，而他的情绪也越来越糟。最后终于调试好了，乔布斯在礼堂里兴奋得狂叫。"如同乔布斯的朋友所说，他追求品质的态度近乎神经质。我们应该想一想，最后一次为准备演讲进行筋疲力尽的排练是什么时候？答案也许是，从来没有。"加洛说。

摘自《商学院》，"像乔布斯一样去演讲"，作者杨澍

好消息是，现在不用再为有没有天赋这种事情担心了；坏消息是，刻意练习并不轻松。根据研究，在特定的领域要达到世界级水准，需要花费10年的时间进行练习，国际象棋冠军在夺冠之前几乎全部经过了10年以上的练习。在产品经理的职业圈内，并没有世界锦标赛，一般来说，能够在一家公司内部或者在一个地区内达到比较高的职业水平，工作能力就不再是职业发展的短板了。根据我的观察，一个新晋产品经理在工作实战中达到平均水平大约需要2年，成为专家大约需要5年，还有很多人经过长年的工作之后成为了"有经验的非专家"，刻意练习则能够缩短成长为真正专家的周期。

Geoff Colvin 是 *Fortune* 杂志的总编，当他回顾自己在 *Fortune* 工作期间所认识的名人时，忽然想到一个问题：他们的脑袋与我们的不一样吗？Colvin 翻开世界各地对于这个课题的研究，结果令他意外到提起笔写出了一本书——*Talent is Overrated: What Really Separates World-Class Performers from Everybody Else*（熟能生巧：一流人才的成长秘籍）。他发现，不同的研究都认为在不同领域中的大师在年少时都不具备所谓的天赋，相反，人们坚信在日后必然会大放异彩的"天才"却不见得能在这些最高级别的排行榜上逗留。他在这本书中引入了刻意练习（deliberate practice）的概念，并认为所有人都能达到世界一流的境界，只要能坚持不懈地练习某一种技巧。

刻意练习的概念源于 20 世纪 90 年代 K. Anders Ericsson 博士在柏林进行的一项研究，Ericsson 博士跟踪研究了一群学习小提琴和钢琴的儿童，历时多年，得出的结论是："卓越的演奏者与常人的区别是，他们终生刻意努力在某一特定的范畴下提升表现。"（The differences between expert performers and normal adults reflect a life-long period of deliberate effort to improve performance in a specific domain.）（摘自 "The Role of Deliberate Practice in the Acquisition of Expert Performance" K. Anders Ericsson，Ralf Th. Krampe，Clemens Tesch-Romer 著，*Psychological Review* 刊载。）这个结论首先摧毁了天赋论，同时也解释了为什么同样是努力练习，有的人成才了而有的人却没有成才这一矛盾，刻意练习和糟糕的练习会得到不同的结果。

刻意练习包括以下 3 方面的要素：

◉ 关注技能的改进，而不是结果；

◉ 通过反复练习达到明确的目标；

◉ 获得及时有效的反馈，并善用它们。

刻意练习不是工作，也不是玩耍，它并不产出工作成果或是个人精神上的愉悦，它产出的只是练习者对技能的掌握。练习就是练习，当我们练习画网站结构图的时候，要清楚地告诉自己这是练习，我们希望掌握快速有效的制作网站结构图的方法，而并不是在启动一个真正的项目。练习的过程中得到的网站结构图仅仅是帮助自己进行改进的作业，如果指望着能从它们身上获得成就感或是快感，练习就没法坚持下去，因为的确得不到这些结果。达·芬奇画出来的鸡蛋卖钱了吗？

因为练习就是练习，所以在安全的环境中练习非常重要，不要草率地去尝试新的东西而造成自己的损失，也不要由于害怕损失而不能放开去练。运动员都是经过无数次的场外练习才登上竞技场的（"台上一分钟，台下十年功"，古人也是经过统计之后才得出了"10 年"这个数字吧），对于产品经理来说，场外练习同样是非常必要的。尝试自己用 WordPress 搭建一个移动网站或者搭建并运营一个 BBS，在这些尝试中练习 CE、琢磨用户体验，能够尽可能早地犯一些错误而吸取教训，进而转化为自己的技能避免在实际工作中落马。

制定一个明确的练习计划也非常必要，练习计划中应该包含需要练习的技能列表，针对每项技能需要明确练习方法、技能目标、大概所需要的练习次数、预计的练习起止时间等，练习次数和起止时间是可以在练习的过程中动态调整的，不用担心设定得太死让自己完不成问题。这个练习计划可以帮助你避免总是从头开始翻同一本书的问题，让你可以一直往前走下去。你可以尝试用 Trello 来建立和管理自己的练习计划。

不要一次练习太多内容，尽可能地将技能进行分解，这样可以有效降低练习难度，也更容易知道练习的过程中在哪个环节出了问题。如果一次要练习的内容太多，可能会失去练习的兴趣，中间出了问题也很难定位到具体环节。比如我最初想学习一下 Ruby on Rails 的时候，准备自己安装 Linux 操作系统，自己动手安装 Ruby on Rails 的运行环境，然后再开始学习。这其实是很多个串行的步骤，安装好 Linux 之后我就卡住了，还没有真正开始学习，我就放弃了。后来我改用 Windows 环境下傻瓜版的 InstantRails 环境，几分钟之后就可以动手实验一些 Ruby on Rails 的代码了，这个傻瓜版的学习环境其实对我学习 Ruby on Rails 并没有任何不良的影响。

我还去过一个神奇的场所——驾校，在那里深切地体会到了什么叫刻意练习，什么叫分解练习。驾校是一个收费的培训场所，它的商业模式是收学费，然后把任何一个能通过体检的车盲变成司机。我在付费之前问驾校："学车很难吧？我学不会不是白交钱了？"驾校回答说你交了学费之后包你学会，很多人小学没毕业都能当上职业司机，没那么难。

考驾照的第一个难关是蝴蝶桩：如图 3-4-2 所示，考试场地呈蝴蝶状，考试车辆先倒入乙库，接着将车移动到甲库，之后再从甲库开出，进行第二次倒车入甲库。中间任何一次碰到杆或压线都宣告失败。而我上的第一堂课是打方向盘，坐在一辆废弃的车上，打方向盘，只练习这一个动作。教练说打方向盘是基础中的基础，掌握了这个技能才能成为司机。第二堂课，教练先验收了我打方向盘的动作质量，然后学习倒入乙库，进去之后再出来，然后再倒入乙库，只练乙库。练了一个小时之后我想倒入甲库试试，结果被教练骂了一顿，告诉我要按照他的教学步骤来。后来，学习倒入甲库，然后学习从乙库移动到甲库，最后才把整个蝴蝶桩流程串起来练。这个过程并没有什么乐趣，但是它能帮助我达到通过考试的目的。

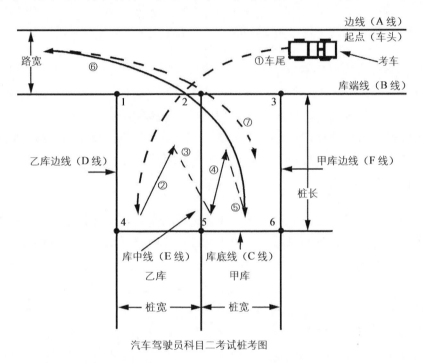

汽车驾驶员科目二考试桩考图

⚠ 图 3-4-2　蝴蝶桩示意图

及时有效的反馈是练习中的重要一环，反馈相当于 PDCA 中的 Check 环节，有了检查，才能知道如何改进。反馈可能来自于专家，也可能来自于专家系统。YSlow 就是一个专家系统，它凝结了网站访问速度优化方面的很多经验，能够及时地给出评分和建议，按照它的建议去修改，很快就能获得速度的提升。但是产品经理的工作涉及很多领域，并不是每个领域都有专家系统，来自专家的反馈并不是这本书可以完全解决的问题。

资　源

书 目

第一组

《精益创业》
中信出版社
这本书能够流行的确是有流行的道理，作者能够洞察问题，并且用词精准叙事鲜活，比我强太多了。

《点石成金：访客至上的网页设计秘笈》
机械工业出版社
用户体验入门。

《写给大家看的 Web 设计书》
人民邮电出版社
非常非常基础的 Web 知识，对互联网了解很少的话可以翻一下。

《写给大家看的设计书》
人民邮电出版社
我写的书中没有介绍美学方面的内容，但是该书中有。

第二组

《GUI 设计禁忌》
机械工业出版社
丰富的用户体验案例。

《引爆流行》
中信出版社
联络员、内行和销售员的概念很适合互联网产品。

Getting Real
37signals
有中文在线版，似乎还没有中文实体书。

《定位》

中国财政经济出版社

产品需要在用户的脑海中占据一个特定的位置。

第三组

《精通 Web Analytics：来自专家的最佳 Web 分析策略》

清华大学出版社

网站分析入门。

《蓝海战略》

商务印书馆

很多人说这本书是典型的知易行难类书籍，不过里面的思路和案例值得 一看。

《营销管理》

上海人民出版社

营销方面的基础书籍。

邵博客

http://blog.sina.com.cn/shaoyibo

邵亦波的博文，没有出版，但比很多出版的内容更有份量，推荐通读。

第四组

《拍电影：现代影像制作教程》

世界图书出版公司

电影行业的工业化程度很高，值得借鉴。

《思想的未来》

中信出版社

介绍了公共资源的概念。

《创新者的窘境》
中信出版社
分析创新问题的经典著作。

《影响力》
中国社会科学出版社
影响力比我们想象中要重要。

外一组

另外再推荐几本我个人非常喜欢的书和 1 个电视节目。

《完全傻瓜手册 教你轻松致富》
凯信出版事业有限公司
其实是介绍正确的财富观念的书，能减少生活中的很多烦恼。

《呆伯特法则》
贵州人民出版社
在这个神奇的星球上，荒谬是常态，极品无处不在，我们的遭遇根本不值一提。

《理解漫画》
人民邮电出版社
什么叫精确的定义，什么叫 MECE，什么叫产业观，什么叫寻找概念的原始出处……这本内涵之作里面全有。我很嫉妒 Scott McCloud 能够掌握漫画这种表达能力极强的艺术手段。

《失控：全人类的最终命运和结局》
新星出版社
一部关于机器、系统、生物和社会的史诗巨著。

《全能住宅改造王》
日本朝日电视台
好产品影响人的一生。

《黑客与画家：硅谷创业之父 Paul Graham 文集》

人民邮电出版社

开卷有益。

《软件随想录：程序员部落酋长 Joel 谈软件》

人民邮电出版社

良师益友。

工具网站

思维导图 —— http://www.mindmeister.com

项目管理 —— http://www.trello.com

网站分析 —— http://www.google.com/analytics

网站监测 —— http://www.jiankongbao.com

网站优化 —— http://www.google.cn/websiteoptimizer

站长工具 —— http://tool.chinaz.com

资讯网站

百科全书 —— http://www.wikipedia.org

行业报告 —— http://www.cnnic.net.cn

艾瑞咨询 —— http://www.iresearch.com.cn

易观智库 —— http://www.enfodesk.com

全球数据 —— http://www.comscore.com

梁寅 王啸枫 高志
吴宵光 张小龙 汪成
陈丽菲 郭湘琰 康思齐 朱秋蕾 刘颖
谢仕梅 阎 王远 韩宇宙 胡子敏
吴文冰 陈雯雯 高宇鹏 郝培强 江岸 谢基榕
马弘烨 傅志红
董爽 李华 鸣谢 刘大林 刘江 李毅
林峻峰 吴鲁加 郭庆山 戴欣
徐靖 曹力 陆文卓 陈钢
侯晓望 马化腾 尹长权
肖科科 陈杉 蒋婕 杨杰
李李 罗婧 马晓燕 李璐璐
黄一孟 王锋
张志东 夏昭

位置、字号、颜色都是
随机生成。没有上榜的
朋友请提醒我一下，再
版一定会上榜。

我的家人

&